U0772187

淡定的

Danding De

青 / 春

Qingchun

不迷茫

Bu Mimang

安以心 著
An Yixin

因为年轻，我们一无所有
因为年轻，我们拥有一切

中国华侨出版社

图书在版编目(CIP)数据

淡定的青春不迷茫 / 安以心著.—北京：
中国华侨出版社,2013.8

ISBN 978-7-5113-3894-5

Ⅰ.①淡… Ⅱ.①安… Ⅲ.①成功心理–青年读物
②成功心理–少年读物 Ⅳ.①B848.4-49

中国版本图书馆 CIP 数据核字(2013)第190361 号

淡定的青春不迷茫

著　　者 / 安以心

责任编辑 / 文　喆

责任校对 / 孙　丽

经　　销 / 新华书店

开　　本 / 870 毫米×1280 毫米　1/32　印张/8　字数/150 千字

印　　刷 / 北京建泰印刷有限公司

版　　次 / 2013 年 10 月第 1 版　2013 年 10 月第 1 次印刷

书　　号 / ISBN 978-7-5113-3894-5

定　　价 / 28.00 元

中国华侨出版社　北京市朝阳区静安里 26 号通成达大厦 3 层　邮编:100028
法律顾问:陈鹰律师事务所
编辑部:(010)64443056　　64443979
发行部:(010)64443051　　传真:(010)64439708
网址:www.oveaschin.com
E-mail:oveaschin@sina.com

前言
Preface

　　青春，曾经是一个无比美好的词，象征着活力、梦想、潜力、爱情，虽然偶尔也有淡淡的青涩，但是那背后藏有的无限的希望，总是让人备感珍惜。

　　然而，仿佛一夜之间，时过境迁，青春竟然变成一个尴尬、无助的词汇。没有经验、没有资源，失去豪情，失去勇气，总是让人感觉顿陷泥沼，仿佛前路只有艰难与险阻。

　　青春到底是一张怎样的面目，它给予我们什么？为什么就这样轻易变了脸？

　　其实青春没有变，变的是我们的心，变的是我们透过这颗心看它的眼光。拥有一颗淡定的心，自然能够经受住青春的磨难。就仿佛一捧渗入泥土的水，终将经受最深的寂寞，经历世间的种种考验，最后蒸腾而出，回归激情壮阔的大海。

　　梦想依然还是梦想，你没有了当初编织梦想的激情了吗？活力依然还在你的身体里，你没有了当初蓄势待发的勇气了吗？爱情依然还是爱情，你没有当初浪漫甜美的期待了吗？是因为在追寻梦想的路上你摔倒过？是因为在激情岁月中你受了伤？是因为在浪漫期待中感觉痛苦？你就要放手了吗？

让我们静静闭上双眼，想想一路走来的时光，你要知道，青春最可贵的是，它给予每个人最公平的时间。若你淡然以对，那些要吃的苦，那些该受的伤，最后都将成为你的功勋章，记载下只属于你的苦难与辉煌。

是的，每一次苦难都是限量版，你若经历，必有成长，只要你多一份领悟，多一份追逐，多一份沉淀。

当你是地平线上一棵草的时候，不要指望别人会在远处看到你，即使他们从你身边走过甚至从你身上踩过，也没有办法，因为你只是一棵草；而如果你变成了一棵树，即使在很远的地方，别人也会看到你，并且欣赏你，因为你是一棵树！

在书中，我会陪你一起感受，那些平静流年下隐藏的暗涌，那些世事艰险带给你的恐惧。不要怕，没有什么大不了，当你拥有一颗强大的内心，你就能淡定地面对一切。就算大风依然刮过，雨水依旧滂沱，你也终将穿过万籁俱寂的长夜，站起身，迎来流火红艳的太阳。

目录
Contents

第六辑
世，要洞悟

生活有精彩也有平淡，有坦途也有荆棘，只有学会生活，懂得生活，才能看淡生活中的不平事。怀包容之心，笑看世间不平事，让心情归置一片宁静。

第一辑

梦，要追逐

在梦想面前，交付出自己的勇气和魄力并不是最难的，最难的是坚持和等待。梦想的实现需要时间，追梦是一段很长的旅途。

彩虹闪耀在风雨之后

　　青春是一条曲折的河，没有人知道它要经过多少道弯才能最终入海。而时光就如同流水，没有静止的一刻，无论是怎样的曲径，最终还是会看到广阔的大海。

　　岁月如斯，我们的青春转瞬即逝，有的人茫然，有的人恐惧，但无论怎样，该经历的都要经历，要过去的总会过去。想要看到最美的彩虹，就要经历狂风暴雨。

　　有人说，沙漠当中也会有小树生长，但是因为沙漠干旱缺水，所以小树的长势不会很好，树干总会扭曲地生长，表皮也不够光滑。但是，没有人会否认这是沙漠当中最美的风景。何惧成为沙漠当中的树呢？森林当中的树木固然苍翠美丽，但你未必会是最出众的那棵。理应光芒绽放的青春，为何不留下最美丽的回忆？

　　有的美丽注定要躲在困难之后，而经历了苦难的你，才会用心去欣赏美丽的风景。既然会有风雨，那么就不如借用《海燕》当中的那句话——让暴风雨来得更猛烈些吧！

楚楚已经进入社会有几年了，现在的她是一个小老板，有着自己的服装品牌，还有固定的生产厂家。虽然她的小店还不足以打入国际市场，但在国内的一些省市当中已经有了一定的知名度。

没有人相信，这个不过二十几岁的年轻女孩仅仅用了几年的时间就达到了这一步，且全凭自己的打拼。就连她的同学也都不敢相信，曾经一无所有的她会变得如此富有。

毕业之后，楚楚曾和她的同学一样，四处投简历，努力找工作。她的朋友们都将目标定在了大公司的白领阶层，而她却进入了一家专卖店，做起了导购。没有人明白她这样做的原因是什么，名牌大学的毕业生为什么要去做高中生都可以做的事情。虽然她说这是为了积累经验，实现自己开服装公司的梦想，但没有人能够理解。

第二年，她的朋友们有的升职，有的加薪了，而她则辞去了导购的工作，进入了一家服装厂当工人，一切又从零开始。楚楚的朋友们都劝她不要这样换来换去的，明明她都有机会荣升为店长了，在品牌服饰连锁店上班怎么也比服装厂强，但楚楚仍旧坚持……

几年的青春，当楚楚的朋友们在公司里拼命往上爬的时候，她却经历了更多的苦难，没有稳定的工作，也没有一个固定的居所，生活条件更是不用说了，可楚楚认为这是她成功路上的一部分。

终于，她有了足够的资金可以盘下一个小店面，开始卖她喜欢的服装。她早出晚归，生活没有规律，但她仍然努力经营着。根据她多次跳槽的经验，她看市场的眼光很准也很毒，店里生意越来越红火。后来，她聘请了一位设计师，也成立了自己的品牌公司，随着销量的不断上升，她的服装店也多了起来……

有人说创业需要资本，这没错，但你或许忽略了，年轻就是资本。我们有青春，有的是时间拼搏，有的是时间积累。不要去惧怕青春带给我们的风雨，相比之下，我们可以期待风雨过后的彩虹。

青春是拼搏，是追逐，不要沉浸在青春附带的那些晦涩当中，抬头迎接风雨吧，即便雨水滴到眼睛里，擦拭掉，笑对人生，迎接青春的绽放。

心有绿洲，沙漠里也能看见风景

生活就像一块七色板，不同的颜色寓意着不同的味道，有成功的喜悦，追梦的艰辛，挫折的痛苦，孤独的寂寥，拥有的幸福……它们构成了五彩斑斓的生活，但在这种种心情的背后，都有着一个共同的基调，那就是希望。

青春需要绽放，只有将青春绘制得五彩斑斓，人生这块画布才会有最绚丽的图画。虽然青春不是人生唯一的阶段，但不可否认它是最美好的时光，也正是因为这样，才会有人悼念。与其在未来的日子里追悼逝去的青春，还不如在青春中奋力拼搏。即便青春带给我们各种磨难，我们也要心存绿洲，跟随着希望的光打破混沌，冲向未来。

刚刚到澳大利亚读书的时候，她为了减轻家里的经济负担，空闲的时候总是骑着一辆旧自行车去找工作。服务生、洗碗工、送报纸，她都做过。

某日，在给人送报纸时，她无意中看到报纸上刊登了澳大利亚某电讯公司的招聘启事。起初，她心里有很多顾虑，自己的英语说得不够地道，专业也不太对口……尽管如此，经过一番思想斗争的她还是决定试一试，她应聘了线路监控员的职位。一轮又一轮的面试之后，她离那个年薪三万的职位越来越近了，可这时候招聘的主管却给她出了一个"尖锐"的难题——"你有车吗？你会开车吗？"

原来，这份工作需要经常外出，没有车简直寸步难行。在澳大利亚，公民普遍都拥有私家车，没有车的人非常少，这看似平常的事情，对于她这个初来乍到的留学生而言，显然是无法实现的。可为了争取那份极具诱惑力的工作，她不假思索地回答："有！会！"

招聘主管说："好。那么，四天以后，开着你的车来上班。"

四天时间，买一辆车，开车上班？谈何容易。为了生存，她豁出去了。先是找朋友借了 500 澳元，又从旧货市场买了一辆外表丑陋的小汽车。第一天，她跟着朋友学习简单的驾驶技术；第二天，她在朋友的辅助下，在一块大草坪上摸索练习；第三天，她半熟不熟地开着车上了路；第四天，她竟然驾车去公司报了到……时至今日，她已经成了那家电讯公司的业务主管。

这个女孩的做法或许不够诚实，但是在人生沟壑面前所作的抉择不得不让人敬服。实际上，现实当中很多事情都无法以对错来评定，当问题当前的时候，不择手段也是一条路。但是，在大起大落之间，又有几个人拥有这样的勇气呢？

希望就如同一条线，它牵拉出人们的勇气、智慧，最终牵引着人们走出困境。我们还年轻，或许并没有经历过人生的大起大落，所以做不到大彻大悟，在追梦的途中遇到困难的时候，难免会手足无措。这个时候我们要做的就是给自己一线希望，当我们冷静了，头脑清晰了，前面的道路也就明了了。

有人说，希望就像一朵娇艳的玫瑰，芬芳是淡淡的，但寓意着祝福，弥漫在我们的生活中；有人说，希望就像一本厚厚的书，在时光的推移中让我们不断地翻阅。每个人的心里都该留一份希望，是麦穗，就该有金色的梦想；是种子，就该有绿色的希望。有所期待的人生，才不会暗淡无光；守住心中的希望，生活才会变得更美。

我们或许有很多不切实际的梦想，或许没有目标，但这都没有关系，只要我们在心中保留一点小小的希望，那么明天就是有目标的，是阳光明媚的一天。无论眼前是怎样的荒凉，我们的心中都会是澄明之境。

有梦就要追，一路披荆斩棘

平凡的人生，如何让自己变得不平凡？一个不变的定理，那就是为梦想拼搏。每个人都是如此，有自己的梦，那为何不去拼搏，不去努力呢？每个梦想都会遇到阻碍，难道就该放弃吗？学着为梦想付出吧，无论你的生活多么烦琐，处境多么艰辛，记住绝对!绝对!绝对!不要放弃梦想。

梦想是深藏在人们心灵深处最强烈的渴望，它像一粒种子，种在"心"的土壤里，尽管它很小，却可以生根开花。善待自己的梦想，坚持自己的梦想，这样即便不用脂粉来涂抹自己，也会散发出独特的魅力来。

一字排开都是梦，一路径走都是景，一心收容都是情，一身历经都是痛。梦想是甜蜜的，是多姿的，也是艰难的。有梦的人生是可贵的，梦想的可贵不在于梦想本身多么绚丽，而在于你为实现梦想付出过多少，经历了什么。疲倦了不要懈怠了心情，困乏了不要颠覆了岁月。待苦涩褪尽，必有芳香萦绕心间。

特莱艾·特伦恩特 1965 年生于津巴布韦，她只上了一年小学便不得不辍学回家做活，供哥哥上学。特莱艾有一个梦想，就是接受教育，每天哥哥放学后她就迫不及待地翻看哥哥的课本，帮助哥哥做功课。小学老师知情后，恳求特莱艾的父亲让她回校，然而父亲不为所动，并在特莱艾 11 岁时将她嫁了出去。

一晃十几年，特莱艾已经是五个孩子的母亲，年过 30 依然贫困，更糟糕的是她的丈夫是一位艾滋病患者，常常毒打她。但是，特莱艾并没有放弃受教育的渴望。

正在此时，一个国际援助组织的志愿者团队路过特莱艾居住的村庄，特莱艾向带头的一位志愿者乔·拉克道出了自己的梦想。有幸，乔·拉克女士并没有笑看特莱艾这"荒谬透顶"的梦想，而是说了一句鼓舞人生的话——只要你有梦想，你就能实现。

千里之行始于足下，特莱艾从为国际援助组织工作开始，攒下工资攻读函授课程，从小学课程一直补到高中，并被美国俄克拉荷马州立大学录取进本科学习。之后，她在持续的贫穷和疲累等种种困难中完成学业，直到 2009 年在美国西密执安大学获得哲学博士学位，现在她是国际援助组织的项目评估专家。

自幼辍学，操劳家务；年幼嫁人，生活贫困；忍受着身患艾滋病丈夫的家庭暴力，可想而知特莱艾还能有多少人生追求、人生梦想和学业成就？可就在这种种困境下，特莱艾始终铭记自己的梦想，没有放弃受教育的渴望，并且为之奋斗。最终，她的命运得到了转机，生活掀开了新篇章。

　　世间最容易的事是坚持，最难的也是坚持。说它容易，是因为只要心中有信念，每个人都可以做到；说它难，是因为能够真正坚持下来，能够给梦想足够时间的人，太少。相信，每个人心中都有自己的梦想和追求，比如开一间属于自己的咖啡厅，完成一次充实生命的环球之旅，资助一名失学儿童直至中学毕业。不管这个梦想是什么，都需要以一种执着的心态去追求。

　　寻梦是一次长跑，一路高歌，一路欢笑，一路挥汗如雨，一路拼搏骄傲，是否能超越的人，已不重要，重要的是这一路不辞辛苦，不曾顿足，为梦想而战，为年华而战，为人生而战！把最美的时光毫无保留地奉献出来，不经意间就唯美了一路的风景，那波澜壮阔的梦想，已然彼岸花开。

给生活以时间，去把梦想实现

在梦想面前，交付出自己的勇气和魄力并不是最难的，最难的是坚持和等待。因为年轻，这并不是理由。梦想的实现是需要时间的，追梦是一段很长的旅途，或许比我们的青春还要久。不要在生活当中丢掉梦想，不要催促命运的安排，只要为生活留下充足的时间，那么梦想就可以实现。

不要焦急，我们还年轻，淡定一些，不要被时间追着跑，我们还有时间，只要追随着自己的内心，在时间的跑道上，不抱怨、不放弃，那么最终一定能够走到心中的目的地，与最好的自己相遇。

1987 年，她 14 岁，辍学后在湖南益阳的一个小镇卖茶，1 毛钱一杯。她人小，摊位小，可她的茶杯却比别人大一号，每只杯子上盖一块能够遮挡灰尘的小玻璃片，茶水可以免费续杯。她的茶卖得最快，那时，她总是快乐地忙碌着。

1990 年，她 17 岁，多数同行嫌卖茶不赚钱而改行，可她却把卖茶的摊点搬到了益阳城里，改卖当地传统的风味"擂茶"。擂茶制作很麻烦，但也卖得上价钱。那时，她配制成许多不同口味的擂茶，让每碗茶都有独特的风味。很快，她的生意就红火起来。

1993 年，她 20 岁，这时的她仍在卖茶，只是她不再摆摊点，而是在省城长沙有了一间自己的小店面。客人进门后，她在店中央摆着根雕茶几，每有客人进门，她都耐心地泡上茶请人免费品尝。慢慢地，它的小店吸引了许多客人和茶商，而她也培养了一批品茶人。后来，经过朋友的介绍，她开始在其他城市开茶庄分店，并且还延续同样的经营模式，请人免费品茶，培养品茶人，然后茶叶一包一包地卖出去。

1997 年，她 24 岁，在茶叶与茶水间滚打了整整十年。这时，她已经拥有 37 家茶庄，遍布于长沙、西安、深圳、上海等地。福建安溪、浙江杭州的茶商们一提起她的名字，莫不竖起大拇指。

2003 年，她 30 岁，她最大的梦想实现了。"在本来习惯于喝咖啡的地方，也有洋溢着茶叶清香的茶庄出现，那就是我开的……"说这句话时，她已经把茶庄开到了中国香港和新加坡。

她，就是茶商孟乔波。

她曾经说自己只是个卖茶的，也永远是卖茶的，她会一条路走到底。这是一种坚持，更是一种耐心。梦想人人都有，但是坚持到底的能有几个，只能说冷暖自知。

《老男孩》勾起了一代人的回忆，也引得很多人落泪，因为这个追梦的故事而感动，也为了自己曾经放弃的梦想。歌中唱着"生活像一把无情刻刀，改变了我们模样，未曾绽放就要枯萎吗，我有过梦想。"很多人为此落泪，因为想起了自己曾经的青涩，想起了曾经的梦想，但那也不过是枉然。

梦想的实现需要时间，更需要坚持，只存在于脑海当中的梦想永远都只能是梦想，没有现实支撑的梦想终会破灭。给时光一些空间，淡然一些吧，追梦的旅途注定会很漫长，抛却周遭的喧嚣，抛却心中的浮躁，安然前行，到达梦想之巅。

给梦想留一个机会，不要轻言背叛

青春期的人是敏感的，在梦想面前，有的人选择激流勇进，而有的人则选择转身。殊不知，一个转身错过的可能是一段充满惊喜的精彩人生！有歌词说："明天就像是盒子里的巧克力糖，什么滋味，充满想象。"没有人能够预知自己的明天，不去尝试，永远不知道属于明天的巧克力糖是什么滋味。

在梦想面前，尝试是必须做的事情，否则只是在拖延，浪费大好的时光。时间不待人，青春可以挥霍，却不容浪费，难道豁出去做什么的那种勇气要留到我们白发苍苍？那个时候，即便我们有了勇气，也没有了力气。

爱迪生发明电灯的故事无人不知，他为了找到适合灯丝的材料，不惜实验几千次。对于他来说失败不是最可怕的，可怕的是放弃了，不尝试，永远不知道成功离自己有多远，去做了，即便失败也知道自己离成功更近一步。

凡尔纳是世界闻名的小说家，他的科幻小说《气球上的星期五》风靡世界，这也是他曾经的梦想。但是实现梦想的旅途并不顺利，他曾经在很多出版社投稿，但是他的作品并不被看好。这时的他只需要一点点冲动，一点点失落，就能让他的著作永远埋没，但是他没有选择放弃，他仍旧为之努力，因为他坚信梦想可以实现。而结果也正是他预料的那样，第16家出版社给了他机会，也造就了一位世界级的科幻小说大师。

失败和梦想总会有那么一些若有似无的关系，在失败面前，有的人选择逃避，但有时逃开的不仅是失败，也是一个机会，一个能够实现梦想的机会。

有这样一则寓言，从前有一个池塘，里面的水在不断减少，池塘当中有一群鳄鱼，它们在这个池塘当中生活了很久。面临着环境的恶化，这些鳄鱼除了整天唉声叹气，没有任何行动。这时一只小鳄鱼说话了："我听牙签鸟说，在离这个水塘很远的地方，有一个非常美丽的地方，那里有条件更好的池塘，我一直想到那里去生活，为什么我们不趁着这个机会迁徙到那里去呢？"

没想到这只小鳄鱼的话没有激起一点波浪，其他的鳄鱼还嘲笑它的异想天开。最终，这只小鳄鱼决定赌一把，反正到不了新的池塘会死，留在这里也会死，为什么不给自己留一个机会？最终小鳄鱼自己踏上了寻梦的旅途。

不久之后，原来的池塘条件越来越险恶，鳄鱼们开始自相残杀。最后剩下的一只鳄鱼也因为池塘干涸死去了，此时的小鳄鱼早就在远方的池塘中快乐度日了。

青春应该是无惧的，没有什么能够打倒青春年少的人，即便是失败，即便是嘲讽。梦想无关于现实，只要是自己想要的，只要是自己坚信的，那么就有实现的机会。对于我们的梦想而言，最可悲的不是他人不理解，也不是别人的嘲笑，而是我们自己选择了放弃。

不要背叛自己的梦想，试着去尝试，才知道结果，才无悔于青春。

不去尝试，怎么知道自己喜不喜欢

青春，是一个迷茫的季节，我们或许会不知所措，不知道应该做些什么。青春，同样也是一个浮躁的季节，因为急功近利，想要立马到达成功的彼岸；因为血气方刚，相信自己能无往不胜，同样地，也容易轻易选择放弃。

　　其实，什么都需要尝试，青春就是一种尝试，不一一试过，怎么知道喜不喜欢，怎么找到自己未来的方向？又怎么走出迷茫？

　　李涛是一个心高气傲的小伙子，他从小就备受关注，他学习成绩优异，又有很多特长，不仅家长宠着他、顺着他，就连老师都高看他一眼。从学生时代开始，李涛就没有遇到过什么挫折，他做任何事情好像都能获得成功。但是，任何事情都是父母安排他去做的，他自己没有什么主见。他从来都没想过自己的爱好是什么，他只知道父母告诉他应该做什么，那么就要做什么，这样准保没有错。

　　李涛叔叔家的弟弟李响和他正相反，李响虽然做事情有些没头没尾，但是爱好却非常广泛，有时还常常会因为自己的爱好和父母争论不休。他和李涛同岁，只不过是比李涛小了几个月。

　　转眼间，两兄弟都到了毕业找工作的时候。李响有点犯难了，自己的爱好太过广泛，不知道到底应该做什么才好。反正是茫然，不如先随便找一份工作，看看是不是自己喜欢的。抱着这种想法，李响开始了不断找工作、换工作的日子。不过让人想不到的是，在他跳来跳去之间，还真让他碰到了自己想要做一辈子的工作——设计师，李响这算是稳定下来了。

可从小就什么都如意的李涛这次却遇到挫折了。从小时候开始，他的父母就会给他一些意见，他只要去实施就可以了。在他毕业找工作的节骨眼上，李涛的父母决定将选择权交给他。特长很多的李涛反而不知道应该做什么，他的父母给了他一些建议，但是他都觉得不感兴趣，他不想像李响那样换来换去，他觉得自己特长这么多，肯定能找到一份自己很喜欢的工作。在他的眼里，连设计都没学过的李响，到设计公司去做个打杂的人，肯定不会有啥出息。

毕业两年后，李响通过后天的努力，已经成为了一名设计师，在公司小有名气，而且即将升职。而李涛呢？他仍旧在找着他喜欢的工作……

人生有时就是一种偶然，或许你遇见了从不曾想过的人，或者一辈子做着自己不曾想过的职业。这既是命运的安排，也是人的抉择。当我们茫然不知所措的时候，与其停在原地苦恼，还不如选择去尝试，对于年轻气盛的我们来说，未知的世界还很广阔，既然我们还有可以挥霍的大好时光，为什么不去探索一番？

不要将自己的未来局限在一个角落里，多尝试，才能找到理想的事业，才能遇到理想的人。没有什么事情可以阻碍青春的脚步，可以断送你未来的旅途，只要试过，才有机会让自己的青春光芒绽放。

生命的舞台没有永远的搭档

歌德曾经说过："人可以在社会中学习，然而，灵感却只有在孤独的时候，才会涌现出来。"追梦是一个漫长的旅程，没有人能够一直陪伴在你身边，助你完成愿望。或许在你成功的时候，人们会为你喝彩，但在过程当中，你只有忍得住寂寞，才能坚持下去。

现在很多年轻人都是"月光族"，没有存款，没有积蓄。在这些人当中，不乏高收入的，但无论赚多少钱，仍旧存不下。或许这个时候我们应该思考一下，我们平时是怎样生活的。闲着无事去街上闲逛，看见能力范围之内可以满足的东西就以犒劳自己为理由买下来；无聊的时候给朋友打电话，一个月花上几百块的电话费……说到底，我们还是被寂寞打败了。

因为不想体味一个人的孤独寂寞，所以想尽办法排遣，无论做什么，都希望有人支持、有人陪伴。但是，谁能伴你走完整个人生呢？我们的生命当中有很多过客，区别在于他们停留时间的长短，即便是父母，也不能陪伴我们一生，如果只剩下我们一个人的时候，人生就无法继续了吗？我们的人生意义何在？难道是别人的附属品吗？答案了然。

人们常常感叹"自古英雄多寂寞"，当你到达一个新的高度时，难免会有"高处不胜寒"的感觉，但只要不是你梦想的尽头，你的旅程就不会停止。有人说过"梦想是注定孤独的旅行"，你耐得住多大的寂寞，才能获得多大的成功。

初出茅庐的时候，他不过是一家小文化公司的实习文案，月工资才1500元。可是，三年后的他，仅工资就已经达到了6000元，也一跃成为一家知名广告公司的策划总监，并开始出版自己的长篇小说。之所以能够有今天，仰仗的是自己那份淡定的心境，忍受了常人不能忍受的寂寞。

工作的三年里，他除了绞尽脑汁、挖空心思撰写好每个策划方案之外，还不断地阅读营销、广告与策划方面的书，努力开拓自己的眼界，并参加学习一些成功学的课程，向一些已经成名的前辈和师长学习，仔细研究他们的每一个成功案例，不断寻找自己的差距，并努力挖掘自己的长处。

工作之余，他把时间用在自己喜爱的写作中。每当夜深人静的时候，他会在自己的蜗居中放一点轻音乐，任思绪天马行空，而后轻轻敲打着键盘，行云流水地书写着故事。这个孤独的时候，是他觉得最自由、最幸福的时候，平时所有的艰辛、所有的忧伤、所有的喧嚣都是那样的微不足道。

孤独就像藤蔓，会缠绕住我们的心，但是，它并不能束缚我们的拳脚。既然不能驱赶寂寞，那么不如享受孤独，一个人的时候总是思绪最清明的时候，孤独和失败之间并不能画等号，它可以打败我们，同样地，它也能激励我们。

"我"是自己永远的搭档，孤独到来之时，无须害怕，只要面对就好，平静地对待，才能安然地度过，才能在孤独当中品味出一丝甜来。

美好人生，源自你的想象

明天的辉煌在于创造，我们都不希望度过平庸的一生。灿烂的明天是我们所希望的，这无可厚非，但是有的人对于自己的未来很茫然，只希望自己能一马平川，却不曾想过未来的辉煌画面。试问，没有目的地的旅程我们要怎样出发呢？

想要有一个辉煌的未来，就要有一个明确的现在，如果我们没有一个梦想，没有一个目标，那么我们的未来也不过是镜花水月而已。不要担心梦想是否能够实现，我们的眼睛能够看多远，我们的脚步就能够走多远。敢于想的人，才有勇气去做，如果连想象的胆量都没有，那更不要说在追梦路上付出一切了。

白先生最近接到一个电话，一个著名猎头公司与他联系，愿意为他提供一份新工作。白先生现在的工作正是他的专长，而且薪水丰厚，以后也只会涨不会减，在公司里也颇有威望，多年相处下来，和同事的关系都不错，照理说，他没有理由跳槽。

但这个电话依然让他心动，因为他一直很讨厌自己的上司，这个上司有些"嫉贤妒能"，平日虽然笑脸相迎，却总在私下做小动作，给他添麻烦，因为都是小动作，白先生也没法计较。但这么多年以来，零零碎碎受的气，足以使他对工作厌烦。但是，做得这么顺手的工作，放弃真不甘心，他想要是现在的公司，没有这个上司，那该多好。

这个念头纠缠了他一个晚上，他只好给老朋友打了个电话，老朋友灵机一动说："你多傻啊！你把你的上司推荐给猎头公司不就得了？"白先生大叹妙计，立刻打电话给猎头，极力说自己上司的好处。没到一个月，上司提出辞呈，跳槽去了另一家公司。

我们习惯于抱怨自己的人生，因为觉得不够美好。但是你是否思考过，什么样的人生才是我们理想中的美好人生呢？白先生知道自己理想的工作就是现在的工作，但是要换一个上司，如果他想到的是跳槽，那么他有可能离开自己热爱的工作。一个有抱负，敢于想的人，才有可能为自己的梦想创造条件，继而付出努力。

实际上很多人对现状处于"认命"的状态，抱怨来抱怨去。当然，有些事不可逆转，的确无法改变。但多数时候，事在人为，没有那么多"这就是命"。仔细想想吧，现在就认命，那我们的后半生还能有什么改变呢？我们的人生还有一大段路程要走，现在就臣服于命运未免太早了些。

我们的思想是自由的，我们可以用丰富的想象力绘制美好的未来，贫瘠的想象力无法创造认命的另一种可能性。当然，我们首先需要相信未来，才有机会走入未来。在梦想当中，我们没有优劣的差别，所以也没必要用卑微的一面来仰视自己的梦想。做梦，没什么不可以。当我们迈出了第一步，才能有接下来的每一步。

每个人的心中都应该有一个"美好人生"的蓝本，我们可以想象自己成为什么样的人，要过怎样的生活，有了这样的"剧本"，我们才好按部就班付诸实施。只要我们拥有自己的梦想，就有机会将它实现，就有机会在人生的舞台之上光芒绽放。

生命不在于奢华，而在于简单的快乐

有人形容青春是昙花一现，也有人将青春形容成南北极的冬天，其实，每个人的青春都有铭刻于心的美好，区别只在于对待的心态。

当青春来临的时候，每个人都急于踏上另一段旅程，走向所谓的"成功"，但是我们忘了，在这之前应该停下来想一想，自己想要的究竟是什么，我们眼中的成功又是什么。

钟灵刚刚大学毕业，走出校园的她还未褪去青涩，对于她来说，真正进入社会正是她向往已久的。记得在学校里读书的时候，她那已经在社会打拼多年的表姐经常带着她逛街，只要是她喜欢的衣服，她的表姐都会买给她，而她表姐自己更是一身名牌。在她们逛街累了的时候，表姐会带她去星巴克喝喝咖啡歇歇脚，这些对于钟灵来说，这是梦一样的生活，也是她眼中毕业之后的样子。

但事实上，刚刚毕业的钟灵并没能过上那么小资的生活，她虽然上了不错的大学，但是找工作的时候还是困难重重。最终，她进入了一家小公司。现实和梦想的差距有点大，钟灵以为毕业后自己就能每天喝着咖啡，穿着名牌职业装，坐在高档的写字楼中工作，但事实是她的工资在交付房租和生活费后基本就不剩什么了。

对于这样的现实，钟灵感到非常痛苦，她觉得自己的青春应该是辉煌而灿烂的，不该在小公司当中消磨，她想要穿名牌，想装点好自己的青春。

而当她的梦想遇到岔路口的时候，她被浮华遮蔽了双眼，一抹黑入了歧途……那是一次晚宴。在餐桌上，年轻漂亮的钟灵吸引了一个老板的注意，在那之后，这个成熟的男人总是送钟灵一些礼物，从衣服到包，一应俱全。

钟灵知道这位老板已经结婚了，但是看着那些耀眼的奢侈品，她还是不可自拔地陷了进去。但是，她的生活并没有预想中那么快乐，公司当中总有闲言碎语，时不时还有男同事阴阳怪气地开玩笑，当她凭借自己的能力完成一项工作的时候，也得不到大家的认可。钟灵想，反正已经如此了，那就这么继续吧……

不过后来，钟灵却幡然醒悟了，那就是他的到来。他是公司聘请的工程师，钟灵对他一见钟情。如果是曾经的钟灵，一定会以自己的气质去慢慢吸引他，但在纸醉金迷中沉迷太久，钟灵已经染上了一身世俗气，她穿金戴银，花大把的钞票约工程师吃饭看电影。但工程师对她却总是爱答不理，最后工程师和一名新进职员在一起了。钟灵发现，那是一个清水一般的女孩子，曾经的她也是这样……

都说人三十而立，四十不惑，五十而知天命，这也就意味着，在不同的年龄段有着不同的追求。青春期的人们以为奢华和物质才是生活的本质，但或许忽略了一个问题，就是这些是否可以和幸福、快乐画等号。

物质不过是生活的附属品而已，用它装点自己的青春也无可厚非，但这并不代表着我们应该用珍贵的青春去置换。青春是美好的，是值得珍惜的，可它也不过是我们人生当中的一段旅程而已，过去后只能成为我们的回忆。淡然一些，不要急于用浮华填充青春的缝隙，简单未必不是快乐，用快乐装点自己的青春，让青春在日后的回忆中熠熠闪光。

第一辑 梦，要追逐

027

人生没有等出来的辉煌

梦想，是一种无坚不摧的力量，它能给予我们追逐的勇气，给予我们披荆斩棘的信心和能量。在我们离开校园的时候，都是怀揣着梦想走入社会的，希望能够通过时间的磨炼成就自己的梦想。

梦想需要时间来造就，但只有时间是远远不够的，还需要我们的坚持和努力。这是一个追逐的过程，在这个过程当中，梦想会逐渐照进现实当中。但是，如果我们将梦想完完全全交付给时间，自己只有口头表现的话，那么梦想不会到来，它永远都只会留在我们的脑海里，供我们仰望。

我们的未来怎样现在看不到，但是随着我们前行的步伐，最终一定会看见。路是走出来的，唯有前行的步伐，才能助我们登上梦想的顶峰。人生没有等出来的辉煌，时间只给了我们努力的空间，并没有给予我们一步登天的能力。所以，该付出的时候还是应该付出。

我们都有思想，但不能只有思想，做思想上的巨人，行动上的矮子是没有用处的。现在畏惧艰辛不肯努力，那么未来的我们就没有资格抱怨。

俄国的寓言作家克雷洛夫曾经说过这样一句话："现实是此岸，理想是彼岸，中间隔着湍急的河流，行动则是架在河上的桥梁。"估计我们都不甘于只是遥望彼岸吧？谁不想置身于对岸的景色当中呢？想法是一个美好的开始，有了想法，那么就开始行动吧。

从前，有一个一贫如洗的人，在他小的时候，家境也算良好，有吃有穿，有房子住，他也有学上。

曾经的他也曾有一个梦想，就是要成为一个成功的商人，但是他的梦想就真的只像一场梦一般。他每天都和周围的人说自己的梦想，却从来没有想过制订计划，要从什么方向努力。渐渐地，他身边的人厌烦了他的唠叨，只要提到梦想，人们都离他远远的。

他认为别人鄙视了他的梦想，而不知从自己身上找原因。随着成长，他身边的人一个个功成名就，而他就会整天妄想，好吃懒做。最终败光了家业，只得抱着所谓的"梦想"去流浪。他每天都在想，如果可以中个大奖就好了，这样自己就能立马改变现状，实现自己的理想了。他每天都这么想，每天都想，到后来还甚至到教堂去祈祷。

终于有一天，神明显灵了，神明用非常鄙夷的声音对他说："你每天都祈祷幸运之神降临，祈祷彩票中奖，首先你是否应该拥有一张彩票呢？"

神的话一语中的，不确定的未来并不属于我们，所以也由不得我们"透支"。确实，追梦是一个艰辛的旅程，中间少不了各种艰难险阻，但是等待并不能解决问题，反而有可能让困难成长起来，最终成为我们逾越不了的高山，只能背负着梦想叹息。

如今的社会太过浮躁，缺失一种淡然，一种安静，每天深处喧嚣之中，你可能在功名利禄当中沉浮，渐渐地成为一个空想家。在这样一个快节奏的社会当中，你也可以创造出一种属于自己的节奏，不要只有思想在前进，我们的脚步却跟不上。

都说心动不如行动，有了梦想就应该让它实现，就算再凌乱，只要迈出一步，那么之后的路就会越来越明朗，没有开始，谈不上前进。记住，未来的辉煌只有我们的双手可以创造，时间无能为力。等待，只能让岁月带着我们老去，而行动，则会让岁月鲜活起来。

第二辑

心，要沉淀

寂寞容易让我们迷失方向，但是，也是学会了孤独之后才会有淡然、恬静和超脱。

在心中种一株淡泊之花

走在漫漫人生路，有我们期待的风景，也有我们不想经历的荒凉。但终究是要走下去的，因为这是我们人生的一个部分。无论沿途风景如何，只要在自己的心中开出美丽的花，我们周围就还是鸟语花香。

对于容易冲动的年龄来说，静心似乎是很困难的一件事情，因为我们对大千世界还充满了好奇，因为有太多太多想要的东西、想追求的梦。但这种精力也成了一把双刃剑，当我们梦想受挫、求而不得的时候，我们就会伤心难过，甚至对人生感到绝望。

作家亦舒在她的作品《花好月圆人长久》当中写道："有的已去之事不可留，已逝之情不可恋，能留能恋，就没有今天。"这句话将静心的秘诀传授给了我们，就是放下。苦痛、欢笑、成功、失败……只要我们不去在意这些身外物，那么淡泊之花就会在我们的心中绽放。

　　她曾经是一个纯粹的女孩，敢爱敢恨，喜欢优美的文字，喜欢美妙的音乐，对于她来说，生活并不复杂，有这些足矣。她轻灵的气质很快吸引了一个男孩的注意，男孩开始追求她。女孩被男孩感动了，两个人走到了一起，每天有说不完的话，也有很多共同的梦想。

　　很快，毕业的季节来临了，在她的同学都急于游戏人生的时候，她却早早地踏入了婚姻的殿堂。虽然她的朋友也曾质疑过，但是对于她来说幸福很简单，就是每天给心爱的人料理生活，闲暇时间看看书。以后生一个可爱的宝宝……

　　三年后，她的梦想实现了。她的老公成为了一个小公司的经理，她是全职太太，他们两个人有一个可爱的女儿。但是曾经的女孩也变了。她不再静下心来看书，每天只是窝在沙发上看一些八卦新闻，看一些时尚杂志。每当看到杂志当中的奢侈品，她就会想到同学聚会时朋友的名牌手包，她止不住内心的妒忌，时常在想，自己比朋友差哪了？自己也很漂亮，也很有学识，只是因为窝在家里才变成了这副样子。

　　心中的怨念越来越重，她的脸色就越来越不好。渐渐地，她不再温柔，也不再耐心地为孩子辅导功课，还总找碴和丈夫吵架。最终她的丈夫决定和她离婚，在离婚那天，她的丈夫对她说："我曾经被你的淡然所吸引，不管在什么样的情况下，你都是那么从容。但是现在，你已经变成了另外一个人，感到很陌生。"

听完丈夫的话，她泪如雨下。

网上流传很广的一句话叫作"什么都是浮云"，事实上，如果我们能有这种心态，那么无论时间怎么流逝，都带不走我们淡泊的气质。在一个快节奏的时代，在一个浮躁的年龄，总是难以寻求平静，只能越来越累。

实际上呢？我们烦恼的那些事情，我们纠结的那些问题，我们追逐的那些浮华，真的是必需的吗？如果什么都在乎，那我们一路走来是否会很艰辛。只有将那些不必要的东西扔掉，我们才能有心情欣赏沿途的风景，才能一路走得淡然。

很多时候，功名利禄都是束缚我们的东西，困住我们前进脚步的不仅仅是失败，还有成功，因为我们止步不前了，所以只能在一个困局中挣扎，时间久了就会感觉厌烦、疲惫。

无论一路有多美的风景，有多大的灾难，我们都要守住心中的淡泊之花，让它陪伴着我们淡然前行，走向成熟，走向未来。

登顶固然好，沿途也美丽

在前进的路途当中，我们的眼中唯有终点，为了到达这个终点，我们不惜一切代价。难道我们的人生就只是一个赶路的过程吗？对于我们来说，漫长的旅程是非常枯燥而乏味的，就像我们坐火车去一个目的地一样，好几个小时，甚至好几天之后，我们才会到达心心念念的地点，但是我们的好心情也早就在乏味的路途中消磨光了。

我们的人生又何尝不是如此呢？且人生的旅途更加漫长，匆匆赶路并不能保证提前到达终点站，还有可能体力透支，这样就得不偿失了。而且我们的人生时间是固定的，并不会因为我们脚步匆匆就缩短原有的旅程，既然如此，我们为什么不放慢脚步，看看周围的风景呢？

从前有一个年轻人，他正值血气方刚的年龄，有远大的志向。在他家的远方，有一座高山，高山的山顶云雾缭绕，从山下根本看不到山上是什么样的景象。只不过人们都推测那是人间仙境，肯定有着似梦似幻的美丽景色。年轻人动心了，他想要到那座山上去看一看最美的景色。

他的朋友知道了青年的打算非常支持，并决定和他一同前去。他的朋友觉得这一定是一次非常有意思的旅行，但事实上却并非如此。因为青年只顾低头赶路，什么都不管不顾，在路上有人搭讪，想要和他们一起去，可是青年仍旧脚步匆匆……青年的朋友感觉赶路赶得非常辛苦，所以建议休息一下，但是青年仍旧闷头赶路，不为所动。

最终青年的朋友实在是忍受不住了，只好放弃了旅途。青年一个人继续赶路。他日里赶、夜里赶，不管刮风下雨，只为了要尽快看到山顶的美景。当他一路艰辛到达顶峰之后，才发现，这座高山的顶峰上一片荒芜，什么都没有……

这个时候他想起了沿途的鸟语花香，想起了路途上和他聊天的朋友，然而此时却没人能够安慰落寞的他。

现实当中和这个青年相像的人并不在少数，因为急功近利，放弃了重要的经历和体验。试想一下，就算这个青年看到了山巅的美景，没有人与他分享，难道不寂寞吗？我们的悲伤需要亲人、爱人和朋友的安慰，同样地，我们的快乐也需要有人分享。然而在我们匆匆的脚步中，遗落的除了有沿途的景色，还有那些陪伴在我们身边的人。

其实我们可以放慢脚步，不要那么着急，也不要死盯着一处风景。既然人生是漫长的旅途，那么我们就一路高歌前进吧。我们的人生就像是一场马拉松比赛，只看准最终目标，无非是给自己增添巨大的压力，如果多看看周围呢？转移了注意力我们会轻松到达终点。

人生亦是如此，多看看沿途风景，会有不一样的感觉，也会有更大的收获。人生是一个漫长的旅程，对于我们而言，意义不仅仅是终点，更重要的，是阅历的累积。所以不要急，静下心来，放慢脚步，才能看清楚沿途的风景，才能真正体味到成功的喜悦。

定期"除草"，保持心灵纯净

我们的心灵是一方沃土，可以生长出茂盛的植物，同样，如果不及时清理，也会杂草丛生。虽然相对于整个人生来说，我们的经历还很少，所受的伤痛、挫折也不多，但是如果不及时清零，它们就会蔓延开来，最终我们的心会变成一片荒芜。

不要因为一点伤就不能自拔，把它当作自己成长的纪念印在心里。我们成长的过程当中会经历很多，只要学会吸收经验就够了，那些伤痛、难过对我们未来的人生路没有任何意义，是垃圾一样的存在。心的容量是有限的，多一丝悲伤，就会少一分快乐。

我们的青春应该是一段美好的回忆，伤痛就该像手中沙一样，让我们把它扬到时间的风中，让它在时间的隧道中消散吧！

《新警察故事》当中就有这样的场面，陈国荣长官是一名非常优秀的警察，但是由于坏人的算计，他在自己安排的突围行动中失去了战友……他痛恨自己，认为是自己的过错导致了这个结果，即便他的女友——去世警察的姐姐并没有怪他，但他还是选择了远离。他将自己放逐，放任自己在酒精当中迷醉……直到一个叫作郑晓峰的年轻人出现，他的生活才重新振作起来。最后，也是因为抛却了曾经的打击，才赢得了最终的胜利。

曾经的苦痛记忆，就像是一张网，会束缚住我们行动的手脚，使我们变得畏首畏尾。但事实上，明天是崭新的一天，过去并不能代表什么，过去就是过去了。郑晓峰和陈国荣长官一样，也有不愿回首的过去，他的父亲为生活所迫做了贼，为了一口饭在他面前被车撞死，还受人侮辱。

但是郑晓峰懂得清理，他明白自己的未来应该是什么样子，他不想回到那个时候，所以将悲伤和苦痛打包之后扔出了自己的心外。

我们的人生很漫长，一路上有很多事情、很多记忆，我们的生命所能承受之重也是有限的，我们应该懂得筛选，保留那些珍贵而美好的记忆，将那些糟粕及时处理掉，唯有如此，我们才能轻装上阵，一路高歌。

当然，心中的"杂草"有很多，不仅是悲伤难过，还有那些过多的欲望。对于我们来说，追逐的是人生的意义，是阶段的成功，而不是满足自己无止境的欲望。被欲望所操控的人注定会悲哀一生。

听过这样一个寓言，一个农民每天都勤勤恳恳，为地主工作，地主很感谢农民。在这位农民即将老去的时候，地主决定送他一块土地，让他安度晚年。地主告诉农民，他从早上开始可以一直向前走，到太阳下山前要赶回来，他走到哪里，就以哪里为界，从起点到终点的土地都给他。

农民非常开心，早上就出发了，他一直向前走，一直走，因为他总想得到更多的土地，然而最终因为走得太远，来不及赶回来，他拼命地奔跑，最终累死在了自己的土地上……

人的欲望是没有止境的，如果我们不懂得阻止无限滋生的欲望，那么它最终会毁了我们。我们要学着控制自己的内心，对待一切淡然一些，无论是成功还是失败，都不过是过眼的云烟。即使打扫自己的心灵，保持心灵的纯净，以最纯粹的心追逐我们的未来，体验我们的人生。

不必羡慕玫瑰，你是一朵百合

在社会中人们时常会羡慕别人，当他们在自己的工作岗位上勤勤恳恳的时候，可能羡慕那些位居高层的管理人员；当有天他们升职了，又会回首羡慕那些充满精力的新进员工……以我们的亲身体会来说，当哥哥姐姐入学的时候，我们羡慕他们的成长；但当我们进入学校之后，我们又想回到无忧无虑的童年。当我们埋头于书本当中时，羡慕那些踏入社会的精英；当我们如愿以偿之后，又怀念起清纯的校园时光……

这是一种非常有趣的现象，在我们的眼中，最美的风景似乎一直都不在自己身边，而在别处。我们习惯于羡慕，也习惯了看别人的生活，却忘记了，自己手中也有着大好的人生。记得一年春晚的小品当中说过："想要自己幸福，不要光看自己没啥，而要看看自己有啥。"

就像我们的面貌一样，世界上没有完全一样的两张脸，我们每个人都是世界上独一无二的花，有着自己的芬芳，有着自己的姿态和气质。不要去羡慕玫瑰的美艳娇贵，我们或许有着百合的清幽淡雅，何需羡慕？

事实上，每个人除了有自己的快乐之外，还有自己的悲伤，远不如我们眼中那样美好，只不过人们都善于隐藏自己不幸的一面，都愿意以最骄傲的姿态展现人前，所以在我们羡慕的别人背后，或许也有不为人知的伤痛。

在河的两岸分别住着一个和尚与一个农夫，和尚每天看农夫日出而作日落而息，生活非常充实，相当羡慕。而农夫看和尚每天无忧无虑地诵经敲钟，生活轻松，也非常向往。因此，他们心中产生了一个念头："到对岸去！换个新生活！"有一天他们商量一番，达成了交换身份的协议。

当农夫做上了和尚后，才发现敲钟诵经的工作看起来悠闲，事实上却非常烦琐，每个步骤都不能遗漏。更重要的是，僧侣生活非常枯燥乏味，让他觉得无所适从；而成为和尚的农夫每天除了耕地除草之外，还要应付俗世的烦扰与困惑，这让他苦不堪言。于是，他们的心中同时响起了另一个声音："回去吧！"

人们常说：没有得到的，就是最好的。很多人也抱着这种心理，其实这完全是人的心理作用，当梦醒的时候，就会发现自己的才是最好的。而且，我们在羡慕别人的时候，自己也是别人眼中的风景。如此看来，我们真的没有必要去羡慕别人，而应该感谢上天所赐予自己的一切。

玫瑰有玫瑰的美艳，百合有百合的芬芳，在芸芸众生当中，我们只需欣赏，无须攀比。静下心来，多欣赏欣赏自己，就会发现，我们的生活其实并没有想象中那样糟糕，我们还有很多，比如时光、记忆……停下追逐他人的目光，你的内心将变得豁达开朗，通达畅快；不去羡慕别人，你的日子就会变得悠然平静，从容不迫；不去羡慕别人，你才会找到自己的生活，过好你自己的日子。无论你是玫瑰还是百合，不必羡慕别人的美丽，用心地做好自己，终会有花团锦簇、香气四溢的一天。

独守一份清净，甘受一份寂寞

漫画家钱海燕说过这样一句话："怀有秘密爱情的女子，软如一朵悄然结子的莲花，含蓄而淡定，即使秋深，即使霜降，依然清芬暗紫，幽兰自若，她往往是孤独的——孤独但不寂寞。"或许这句话并不够贴切，但是也揭示了现代人心中的一个共同感受，就是寂寞。

人们总会有寂寞的时候，在人生的长河当中，有的人已经习惯了寂寞，学会了享受寂寞，而对于大部分人来说，寂寞都是避之唯恐不及的，人们想尽办法排遣寂寞，但注定只是一时的狂欢而已。

寂寞容易让我们迷失方向，或许有的人会说："我们又何尝不想淡然度日呢？"确实，看那些恬静度日的人们，我们总会心生羡慕。但是，这些人们也是学会了孤独之后才有了这种淡然、这种超脱。

曾经读过一则与孤独有关的寓言故事。

一只身材短小的蚂蚁，每天清晨都会从洞穴中爬出来，开始一天的劳作。在动物世界里，蚂蚁的勤奋是出了名的，可对于广阔的大地而言，它们的活动范围不过是狭窄的一隅。

　　有一天，蚂蚁和蜈蚣相遇了。蜈蚣看到忙碌的蚂蚁，摇摇头说："你为什么总是不知疲倦地赶路，闲下来跟朋友一起玩不好吗？"蚂蚁说："我要四处觅食，已经走过了大大小小很多条路，我的脚步变得很轻盈，现在行走都已经成了我的习惯。"

　　蜈蚣问："你每天面对的只有自己，难道你不觉得孤独吗？"

　　蚂蚁说："我一边走，一边欣赏沿途的风景，不觉得孤独。我的视野是丰富的，我的心也很快乐。"

　　蜈蚣听了若有所思，因为刚刚它才被朋友们抛弃，正不知道何去何从。蚂蚁轻松地绕开了蜈蚣，又开始孤独地享受着自己充实的生活了。

　　世人都有寂寞的时候。独自一人坐在清冷的桌前，好似荒漠里离群的迷途羔羊，无所依傍。这种难以言表的滋味在生活中偷袭过太多人的心。烦恼是孤独的序幕，寂寞将孤独延伸，空白则是孤独的高潮，有的人会对它俯首称臣，有的人却用它成就精彩的人生。

　　想要做一个淡定的人，就要像故事中的那只蚂蚁，不畏惧孤独和寂寞，因为知道自己要什么，要做什么，从不慌张和忙乱，更不会因为没有他人的陪伴而不知所措。在充实的生活中，孤独对我们而言不应该是一种可怕的境遇，而应该是值得品味的诗，虽然有惆怅，有飘然，但这可以帮我们守住内心的淡然和清净。

　　孤独让人远离了喧闹与尘嚣，不为流言蜚语所羁绊，不为权力富贵而踟蹰，精神上无拘无束，自由自在，犹如白云行空，灵魂也可以在自我营造的天地里净化升华。芸芸众生中有轰烈的宏伟大业的人是少数，可若能够学会孤独，耐住孤独，品味孤独也是一种福气。

　　得闲时对着窗前的明月，沏上一杯清香的茶，手捧一本好书，任思绪神游；或是独自一个人漫步在山水林涧，让心灵与自然亲密接触，静静地体味着安逸、悠闲、宁静与轻松，不浮躁、不媚俗的安宁生活，岂不是很惬意？孤独的人生一样可以绚丽多彩，关键在于你如何去驾驭。

　　记得曾有人说，孤独像一杯苦咖啡，苦涩的味道让人难以忍受，但唯有承受这种味道，才能让自己跻身于另一种生活。虽然我们还未经历过漫长的人生，或许不曾有刻骨铭心的感情，但懂得品味孤独，享受寂寞，那么我们也能体会出一种脱离喧嚣的淡然，一种不入凡尘的清净。

享受孤独，人生就不寂寞

有人看到孤独、寂寞这样的词就想避而远之，但是，孤独的人生就一定是悲情的吗？事实上，孤独和寂寞并不能够画上等号，孤独是一种境遇，而寂寞则是一种态度。通常情况下孤独是我们不愿面对的，但是，如果我们反其道而行之，学会享受孤独的话，那么寂寞就会荡然无存，我们会发现一个不一样的丰盈世界。

人生是追梦的旅程，同时也是一段孤独的旅程，没有人能从一开始就陪在我们身边，直到生命的尽头。哪怕是至亲之人，有一天也将会离你而去。世界上每个人都是孤独的，只是每个人的孤独都与众不同。那些拥有丰富人生的人，必然是懂得如何去享受自己的孤独的人。

有句话说得好："孤方能独，独才能与众不同。"这句话告诉我们，孤独恰恰是我们获得美妙人生的桥梁，是送我们一程的千里马。耐得寂寞，才能拥得繁华。孤独是上天在赐予我们繁华盛世之前的试练，是我们取"经"路上必须经过的火焰山。只是，这次取"经"，取的是自己人生的真经，只能用自己的双手，没有唐僧师徒的护驾，更没有观音菩萨的相助，凭的是自己的一颗顿悟之心。

在取得"真经"、拥得繁华之前，学会享受孤独就变得非常重要。对于孤独没有一颗甘于承认、愿意享受之心，则很有可能经不起孤独的"炼狱"，在繁华已近在眼前时先被孤独所击垮，与美好的明天自断情缘。

小 A 和小 B 是非常好的朋友，在选秀节目中相识。她们同样热爱唱歌，有着相同的梦想，都希望能够在大舞台上一展歌喉。虽然她们两个都纷纷出线，但是因为没有名气，又不会跳舞，所以还需要长时间的包装。虽然进入了娱乐圈，离自己的梦想更近了一步，但是她们仍旧在圈子的最底层晃荡。

没有人关注的日子是孤独的，她们不知道出头之日是什么时候，每天只是辛苦地练舞、练唱。没有什么钱，她们平时也不会去放松，只为了出道做准备。为了发展，公司将两个人分开了，分别进入了不同的团体当中继续训练。

对于想要出道的新人来说，团体当中最优秀的人也是最大的威胁，表面和气，实际上明争暗斗。小 A 忍受着孤独，她不多说话，也不抱怨，只是努力地做好自己分内的事情。闲暇的时候就学英语，看书。而小 B 则有些受不住了，她讨厌那些排挤她的女生，她心中很苦闷，但是无人倾诉，她的身边只有同一组的成员，她不愿意和那些人亲近，只能自己陷在寂寞的泥沼当中。

最终，小 A 脱颖而出，因为她个人能力强，所以公司决定让她个人出专辑，优先出道了。而小 B 因为不合群，性格也不够开朗，不适合在青春偶像组合中，所以被公司"雪藏"了。

实际上孤独并没有我们想象中那样可怕，最可怕的是我们惧怕孤独。英雄都是孤独的，没有尝过孤独的味道，又怎么能见到最纯粹的自己？我们每个人都有一张面具，有时对自己都无法坦诚。当只剩我们自己的时候，这层面具就会自动消失，我们才能见到最真实的自己。

我们的人生对他人的关注实在太多了，好不容易有机会认识自己，和自己对话，我们为什么不去把握，而要抱怨呢？没有寂寞的人生，只有寂寞的人。不要将孤独看作是一种煎熬，学会和自己交朋友，学会享受孤独，就能认识到最优秀的自我，知道自己最真的想法，过自己想要的生活。

等待是生命的另一种存在

时光飞逝，人们总会感到焦躁，但有时，等待是必需的。从母亲孕育我们的起初，我们就在等待，等待见到世界的这一刻；降生后我们在等待成长；成熟后我们等待爱情；和爱人携手后我们又会等待新生命的降生，继而等待新生命的成长……周而复始，等待就是生命当中不可或缺的存在，是人生的一个序列，无序的轮回。

不知是谁说过这样的一句话："人生总是充满了无数的等待，有的人在等待中枯萎，有的人在等待中绽放。"在戈壁上有一种植物，每逢雨天，它就会立即抽芽，快速地生根、长叶、开花、结果。只要短短的 8 天时间，它就能够完成整个过程。但在那之前，从种子开始它就只是等待，只为花开的一瞬间。这就是它等待的意义。

从前有一个男孩，他在树下等着心爱女孩的到来，他要对女孩表白，和女孩在一起。但是男孩心中忐忑不安，看着时针不停地走，他的心开始焦躁起来。他想："难道是女孩想要拒绝我，所以不来吗？还是有什么其他的事情呢？如果她不来我一直等岂不是很没面子，是不是应该先走？"

乱七八糟的想法会聚在他的心中，让他非常烦闷，异常烦躁。到后来他甚至觉得是女孩不尊重自己。这时一位老者路过，询问事情的缘由，男孩抱怨了一堆，然后皱着眉说："如果直接能够知道结果就好了。"

老者听后给了他一块手表，告诉他："这块手表有着神奇的魔力，你可以将它的时间向后调，这样你就可以不用等待，直接知道结果。"男孩听后非常开心，毫不犹豫地将手表调到了两个小时后，他发现，两个小时后这个女孩已经成为了他的女友。但是小伙子还不知足，继续调，到了他们结婚的那天。男孩非常开心，同时也好奇起自己未来的生活，于是他再次拨动了时针……

他看到了自己的儿子，看到了他的成长，也看到了自己的孙子。虽然这一切都让他非常满意，但是他发现曾经美丽的她衰老了，后来她去世了。难过得男孩想要逃避这个事实，但是时针无法回拨，他只能向前拨动。这一次轮到他躺在病床上，疾病缠身，让他异常痛苦。他后悔了，他的人生如此短暂，他什么都没有感受到就要走到尽头，他不甘心，但是此时的时针只能拨向死亡了……

正在男孩绝望的时候，表针又转动了，这次是反方向的，当男孩睁开眼的时候，他发现他就在等待女孩的那棵树下，一切就像一场梦一样，他心爱的女孩正微笑着向他走来……

在急功近利的年纪里，我们总会躁动不安，企图凡事一步到位，其实，任何事情都急不得。没有人是一夜长大的，也没有人可以一步登天。再远的路途，都得一步一步地走下去，才能抵达终点。等待的过程有点漫长，或许还有点艰辛，而等待的结果却是未知，就像是在不知尽头的时间跑道上长跑，但我们每天都免不了要经历等待，永远也离不开这一条轨道。面对这一切，就需要一颗沉静的心，我们的幸福并不一定只有结局，还有等待的过程。

人生的真谛是等待。在等待这条跑道上，每个起点都是一个新目标的开始，也是一个终点的完结。等待的过程，本身就充满着不可言喻的内涵。尽管每个人的等待方式和目的不一样，但等待的情怀是一致的，而我们正是在一次次的等待中，度过了生命的每一天。或许，梦想会在等待中实现，即便它有了偏离，仍然可以寄予下一次的等待。青春当中不可或缺的是梦想，在实现的过程当中少不了的就是淡然。不要急着寻找幸福，沉下心来享受生活，慢慢等待，总有一天它会向我们走来。

静候黎明的一缕阳光

莎士比亚有这样一句名言："除了通过黑夜的道路，人们无法到达黎明。"时间虽然是向前的，但很多事物都处于轮回、循环之中。黎明之所以能成为黎明，因为在它之前有黑夜。黑暗是我们所惧怕的，但在那之后一定是黎明的曙光。在黑暗当中，我们能够做的就是静候黎明的第一缕阳光。

夏日中的蝉会在树上鸣叫，但是它们的幼虫却沉睡在泥土当中。它们靠树根的汁液活着，在没有阳光、没有声音的混沌当中它们安静地等着……一年、两年、三年……在几年之后它们才能蜕去幼虫的外壳，爬上高高的树干，享受阳光的洗礼，高唱生命的赞歌。

一切终究会过去，因为时光不待人，它并不是静止的，而是像流水一样不断向前。快乐不会长久，但悲伤也有尽头。在晦暗的时期当中，我们除了挣扎之外，还可以等待它过去。即便我们年轻气盛，容易心浮气躁，但并不能因为冲动因小失大，只看眼前的困难，不懂得放眼未来，那么我们的未来也不会优雅而闲适。

琳达在一家广告公司做创意文案，工作能力很强，是个不俗的才女。但是，公司里的人际关系比较复杂，一向单纯的琳达不善于左右逢源，始终未能讨得领导的喜欢。她实在受不了被人视为隐形人的感觉，一气之下，选择了辞职。

说来也巧，琳达刚刚离开公司不久，那个经常对她指手画脚、反复挑刺儿的领导就被调走了，而新上任的领导是过去一直非常欣赏她的人。可惜，事已至此，琳达也不能回头了。她只得在新单位努力工作。只是没多久，她又觉得压抑，受不了公司的氛围，于是跳槽到了新公司。

就这样，几年下来，她反复跳槽，在哪儿也待不长。最初与她一同进入职场的那些姐妹们，大多成了公司里的中流砥柱，有的甚至已经坐到了管理者的位子。

每次从别人口中听到她过去的同事取得了什么成就，她都不服气，总觉得是人家命好，自己没有那么好的机遇罢了。

暂且不说琳达的工作能力，机会是成功之路上不可或缺的因素，但如果我们的行动总比机会早一步，那么可能就会和成功擦肩而过。当机会过去后，除了抱怨、悔恨之外，我们还能做什么呢？

确实，对于青春正茂的我们来说，等待太过磨人，尤其在成功面前，我们一分钟都不愿意等，生怕自己好不容易积攒的信心和耐心被时间冲散，宁可放弃也绝不等待。但是放弃真的只是一个单纯的选择吗？你放掉的可能是自己的幸福，更有可能是自己的未来。

人生是积累，如长征一般，目的地很明确，但最重要的是旅程的本身，只要向着一个方向前行，只要明确心中的目标，戒骄戒躁，那么终点迟早会被我们踩在脚下。在挫败中等待也是一个忍耐的过程，对于我们来说，这也是成熟的必经之路，只有将我们的心智磨炼成熟，我们才能走向成熟。

人生没有极夜，再浓的夜色终究也会被阳光冲破，阳光在努力，我们急什么呢？只要眼前的乌云散去，那么璀璨的阳光终究会照向自己。无须彷徨，无须绝望，黑暗之中，我们只需静候黎明的曙光。

别人的美丽花园你不必羡慕

在新浪微博上看到过这样一句话："永远不要去羡慕别人的生活，即使那个人看起来快乐富足；永远不要去评价别人是否幸福，即使那个人看起来孤独无助。幸福如人饮水，冷暖自知。"幸福就像是秘密花园，只有自己能够明白它的真谛，他人的生活我们无法窥探，同样我们的幸福他人也难以效仿。

朱德庸有这样一部作品，一个厌世的人决定跳楼自杀，因为他觉得自己不够幸福，但是在他从房顶落下来的那个瞬间他才发现，在众人眼中非常恩爱的夫妻在吵架；整天嘻嘻哈哈的人在号啕大哭……此时的他才明白，原来自己是否幸福只有自己知道。

我们似乎可以预见，当那些不幸的人看到这具冰冷的尸体，会觉得其实自己过得也还不错，至少还活着。他人的不幸会让我们觉得惋惜，并不会影响我们的生活，为什么当我们看到别人的幸福时会牵扯到自己，将自己划入不幸的范围里呢？

在幸福面前人们总是显得非常急切，"这山望着那山高"，看着别人的幸福焦躁不已。但是鱼有鱼之乐，鸟有鸟之乐。不要因为看着别人的幸福而放走了自己的时光。淡定地坚守住自己的"沉香"，才能感受独一无二的幸福。

她是一位年轻的女歌唱家，30多岁就已经誉满全球，而且嫁得如意郎君，生活美满。

一次，她在邻国开演唱会，入场券早早就被一抢而空。演出结束后，她与丈夫、儿子一同从剧场里走出来，顿时成为人群中的焦点。人们开始七嘴八舌地与她攀谈，其中不乏赞美和羡慕之词。说她刚刚大学毕业就能进入国家级歌剧院，出演重要角色；说她嫁了一个有钱的丈夫；说她有个乐观活泼的孩子……她听到了人们的议论，一言未发。

等人们把话说完之后，她才缓缓地说："我很感谢大家对我和我家人的赞美，但是你们看到的只是一个方面，还有另外的一面你们没看到，那就是你们所说的这个乐观活泼的孩子，他其实是一个不会说话的哑巴。他还有个姐姐，常年关在有铁窗的房间里，她有精神分裂症。"

这番话一出口，所有人惊呆了。他们从未想到，风光的歌唱家背后，竟然会有如此悲惨的家庭遭遇。这时，歌唱家又笑着说："所以，你们不必羡慕我，因为上天给谁的都不会太多。"

是的，上帝给谁的都不会太多，每个人都有属于自己的幸福，也有深藏于心的痛苦与无奈。很多时候，之所以我们感受不到幸福，是因为我们喜欢比较，看别人拥有的比自己多，在无休止地攀比、羡慕背后会觉得越来越痛苦，越来越忧郁。除了累了自己的心，也伤了自己的身体，还蹉跎了青春岁月。

生活就像鞋子，别人眼里看到的永远只是款式、颜色，舒不舒服，唯有脚最清楚。所以，不要让别人的幸福涣散了你的注意力，也不要一直把目光盯向别人、羡慕别人。海鸟有海鸟的天空，鱼儿有鱼儿的海洋，别人有别人的不凡，你有你的精彩。站在山上放眼眺望山河的行者，背着一个行囊走走停停，让自然的风光洗刷掉内心的阴霾，那是他的快意人生；山间汗流浃背的挑夫，趁着歇息的工夫，拿草帽当扇，饮一口小酒，吃几粒花生，那是他的悠然自得。人生不需要太圆满，只要懂得这个道理，用心坚守属于自己的那一份幸福，心中自然也就不会有什么不甘和埋怨了。

我们不是哲学家，只是芸芸众生中的平凡人。即便如此，我们也可以拥有自己的淡定，自己的淡然和超脱。钱锺书先生说过："一切快乐的享受都是属于精神的。"因为有了对淡定而充实生活的满足，才有了"采菊东篱下，悠然见南山"的陶渊明，才有了"一箪食，一瓢饮而不改其乐"的颜回……才有了世间的幸福。

所以，你不必将眼睛向上看，别人的美丽花园你不必羡慕。生活赐予了许多美好，同时也会给你一些遗憾，你不必怨天尤人，这是生活的公平之处。带着这样一份淡然的心境去生活，那你所度过的就是最幸福的青春。

心若美丽，粗茶淡饭也幸福

同望着一片天空，有些年轻人望见的是遮挡住阳光的云层，有些年轻人却可以透过云层感受一望无际的蔚蓝；同走进一片树林，有些年轻人看到的是地上的落叶和野草，有些年轻人看到的却是清新的自然风光；同处在重视虚荣的环境中，有些年轻人会因他人的奢华生活而自惭形秽，有些年轻人却能从容自若地走过人群，不怯懦、不自卑。

可见，幸福是一种心态，一种源自内心的美好，一种触手可及的快乐感觉。淡定而幸福的人，总会在波澜不惊的平常日子里，体会不经意间掠过发梢的幸福，感受生活不弃的守候，哪怕只是粗茶淡饭也能够吃出别样的味道。

十几岁时，她就失去了母亲。作为家里的长女，她帮助父亲一起把三个弟弟妹妹带大，还供他们读了大学。结婚后，她和丈夫做代课老师，拿着微薄的薪水，既要维持生计，又要照顾体弱多病的公婆。一路走来，她吃了很多苦，受了很多委屈，可她从来没有抱怨过。相反，有她的地方就有爽朗的笑声，从来没有人看到过她愁眉不展的样子。

为了支撑这个家，她和村里人商量，要了人家不愿耕种的田地。每天下课之后，她就到田里做农活。田里产的粮食和蔬菜，自己吃不完的她就拿到集市上去卖。每天晚上，她要备课，要照顾公婆，还要哄两个年幼的孩子睡觉。她每天要做的事很多，可不管多忙她都不会影响到工作。在学校里，她的教学能力和对待学生的热心劲儿，大家有目共睹，尽管是代课老师，可丝毫不比正规学校出来的老师差。她教的那个班级，成绩每年都是第一。得空的时候，她还会组织孩子去郊游。后来，她参加了民办教师转正考试，结果得了县里的第一名。

她说，日子过得清苦点没什么，一家人开开心心地在一起，我就很知足。上课时，看见孩子们那充满渴望的眼神，心里也有一种难以言表的幸福。人不是有钱才幸福,心里的踏实感和幸福感,多少钱也买不来。

生活需要用心感受,即使物质生活贫乏,只要精神富有,我们更容易体悟到生活的美妙,哪怕是一个细微的幸福,也能够将其无限放大。反过来说,即便我们丰衣足食,天天名牌加身,如果内心空洞,那么依旧会觉得疲惫。空有一颗欲望之心,无论走到哪儿,流露出的只是苍白冷漠的眼神,内心也总是蠢蠢欲动难以安宁。

有人说:生活原本是一杯水,贫乏与富足,权贵与卑微,不过是个人根据自身情况为生活添加的调味剂罢了。有人爱刺激,把它做成多味酱;有人喜欢甜蜜,给它加点糖;有人喜欢甘香,便把生活泡成茶;有人喜欢苦中作乐,便把它冲成咖啡。当然,也有人就喜欢淡淡的白水,什么也不加,安心享受原汁原味的生活。在他们眼里,只要心美,一切皆美;只要心不苦,怎样活着都是幸福。

林清玄曾说:"心美一切皆美,情深万象皆深。"青春是美丽的,在这个阶段的我们眼中,世界也是美丽的,当我们内心装满了身后的情感,就会觉得世间万物都很深刻。世界上的万物,没有一样是不美好的,即便是破洞的袜子,它也是漏掉累赘留住的幸福的网。

生活如同一杯白开水,清澈透明,淡淡无味。你加入什么调料，就能喝出什么样的味道；你加入什么颜色，呈现在眼前的就是什么颜色。日子不怕淡，就怕自己把白水熬成苦药或毒药。用心品味，用心欣赏，你会发现平淡如水的生活里一样蕴藏着幸福，一样可以折射出太阳的光芒，绽放五颜六色的璀璨光彩。

留一点独处的时间与心对话

有的人害怕孤独和寂寞，每当寂寞和孤独来临，他们会觉得没有依靠，觉得生活失去了味道，找不到原来的自己。但事实上恰好相反，正是因为一个人，才能不受尘世的烦扰，淡然聆听心的声音，和自己的心灵进行一次对话。

淡定的人生不会寂寞，寂寞并非是一种纠缠，全在你怎样看。如若抵御独处，那么有可能失去自我，有可能随波逐流，成为自己最不屑一顾的人，成为自己眼中最庸俗的存在。

曾有一个科学家做过一个实验，他从森林当中抓来了两只猴子，一只很强壮，而另一只则非常瘦弱，按照常理看，瘦弱的猴子应该活不了多久，但奇怪的是，强壮的猴子反而先死了。针对这个现象，科学家做了调查，结果发现，强壮的猴子总是在猴群中追逐打闹，而瘦弱的猴子则经常独处。

得出的结论是：虽然缺乏交往的生活是一种缺陷，但没有独处的生活更是一场灾难。其实我们不该害怕孤独，孤独是可以享受的，它教我们能够冷静地思考自己的得失，将自己放在一个适当的角度深刻解剖。哈瑞·艾默生·福斯狄克说过一句富有诗意的话："不能忍受独处生活的人，就像受风吹拂的池塘，风不停，永远无法获得平静，反映自己美好的东西。"

同时，孤独也是一种奢侈，它需要时间，需要空间，更需要心境。当我们进入忙碌而浮躁的社会中时，难免会感觉每件事似乎都跟自己有关，停不下匆忙的脚步，躲不开拥挤的人群，剪不断恼人的思绪……当我们的心灵被外物所遮蔽、掩饰的时候，浮躁的情绪会充斥整颗心，我们会忘记给自己留一点独处的时间，对自己的心说说话。直到有一天，发现心灵的空间已经缩得很小很小，生命的风帆也开始慢慢萎缩的时候，我们才意识到自己飘摇着找不到前进的方向。

小美六年前到一家外企工作，起初只是一名前台，可如今的她已经坐上了行政主管的位子。六年来，她早出晚归，卖力地工作，所有休息的时间也都用在了工作和学习上。尽管在上司眼里她是优秀的员工，在同事的眼里她是个出色的主管，可在她自己的心里，却越来越不了解自己了。

这半年，她总是情绪烦躁，和同事的关系也不如从前那样融洽，很多事明明可以做好，现在却有些不知所措。浮躁和厌倦包围着她，精力总是不能集中，坐在办公室里有种想要逃离的冲动，想远离人群，到新的环境和生活状态中去。这种痛苦的情绪，折磨得她日夜难安。她告诉自己：我需要冷静地想想自己是怎么了？

终于，又到了休年假的日子。这一次，小美带上行囊，独自一人去了郊区。租住了一间农家院，每天一个人吃饭、散步，在山水间领略大自然的美好，没有工作的烦恼，没有生活的压力，彻底地放空身心。七天过后，她带着饱满的精神回到了公司，感觉一切又和当初一样了。

其实这种心灵的迷失对于正值青春的人来说非常普遍，当生活被工作、感情占满的时候，我们的心灵就内存不足了，我们会觉得厌倦，会感到迷茫，就像深陷泥沼无处逃脱一般。但逃避、不去理会并不能够解决问题。此时，我们最需要的是一个孤独的环境，不受任何事情的干扰，静静地聆听内心真实的声音，了解内心的变化。

独处就像一根希望的绳子，把人从泥潭中拉出来；独处的时光，给了心灵休憩的地方，让人学会安静思考，沉下心来和自己对话。

在我们还一无所有的年纪当中，心灵的宁静就是最大的财富，这种财富需要长时间的积累，更需要一份淡定的心境。无论面对纸醉金迷，还是乱世浮华，我们要做的只是选择回归自我，给自己一个独处的空间。这是在生活中沉淀出的成熟，是一种冷静与极强的自我控制。独处的环境，可以赋予我们一颗宁静的心，远离诸多纷杂的浮躁，让我们的内心更加丰盈。

这个世上没有谁可以忍受绝对的孤独，但是，绝对不能忍受孤独的人却是一个灵魂空虚的人。人生在世，既需要与人交往，从相处中获得快乐，也要重视自己内心的修炼，从优雅宁静的独处中感悟人生。你不必离群索居，更不必终日把自己关在房间里，只要每天抽出一点时间静一静，把独处静思融入到工作、学习之余，就可以让心灵得到休憩。

别走得太快，等等你的灵魂

在迷茫的年纪当中，我们喜欢看那些唯美的文字，对写出这些文章的人也有着一种特殊的崇拜。在这些文章当中，我们能够找到内心的宁静，同样，写出这些文字的人也有着一种淡然的气质。三毛的文章很多人都读过，她曾说过："生活，是一种缓缓如夏日流水般地前进，我们不要焦急我们三十岁的时候，不应该去急五十岁的事情，我们生的时候，不必去期望死的来临，这一切，总会来的。"

人生是前进的旅程，同时，也是等待的过程。当我们脚步匆匆的时候，是否思考过，我们的灵魂是和我们并肩而行的吗？岁月如飞刀，刀刀催人老。因为觉得人生短暂，所以我们总是行色匆匆。每天都活在奔波之中，但是到头来，我们所剩的就只有迷茫和空虚。

其实，每个人的生命里都有一个自由的自己，它懂得我们心中的梦想与夙愿，为人生指引着方向，只是我们在匆忙地赶路中，把它远远落在了后面，所以才会迷失方向。它——就是我们的灵魂。

为了寻找古印加帝国的文明痕迹，一位考古学家不远千里来到了南美的丛林。为了防止遇到一些不必要的麻烦，影响进度，他雇用了一些土著人作为挑夫和向导。就这样，一行十几个人浩浩荡荡地出发了。

他们穿过一座座丛林，连续赶了三天的路。考古学家十分惊讶那些土著人的力气，他们背着沉重的行李与器材，却可以健步如飞。尽管考古学家跟不上他们的步伐，可看到他们做事效率如此高，他的心里自然也很开心，毕竟对他而言早点到达目的地才是最大的心愿。一路上，他很累，但也尽量做到不停歇。

到了第四天早上，考古学家发现了一个奇怪的现象：这些土著人说什么都不赶路了，他们放下了行李和器材，好像在等待着什么。考古学家心里很焦急，但不管他怎么劝说，土著人就是不赶路。经过仔细地沟通，考古学家发现，原来这里一直以来都流传着一种习俗——在赶路的时候，要竭尽全力地拼命往前走，但每走上三天，就要停下来歇息一天。

这个习俗引起了考古学家的兴趣，他决定进一步考察一下。于是，他带着满心的疑惑与兴趣，问了向导。向导非常庄重地告诉他："我们之所以停下来，是为了等待我们的灵魂，让灵魂可以赶上我们疲惫的身体。"

　　生命之所以能绽放出光彩，在于灵魂与身体和谐的统一。当我们感到最舒适、最惬意的时候，往往是灵魂离身体最近的时候。那时的我们，有心情去回望曾经的故事，有时间细数过去生活中点点滴滴的感动，有心思静下心来品味平淡的日子。

　　当我们进入纷乱的社会当中时，每天看到的都是喧嚣的城市、川流不息的人群，在他们之中，我们想到的只有优越的物质生活，各种各样的名牌。为了这些身外物我们逼迫自己前行，但心中却越来越不安。当我们停下之后就会发现，原来我们的灵魂被我们遗落了，空洞的灵魂让我们变得浮躁不堪。没有清风过耳，没有溪流潺潺，没有鸟语花香，那些似乎只会在梦中出现。她们时而会觉得周围的事物很陌生，身处人群会感到孤单无助，拖着一个没有灵魂的躯体挣扎、游荡。

　　趁我们还年轻，缓一缓脚步，等一等我们迷失的灵魂，不要当我们孤单的时候才想起朋友，失去的时候才懂得付出。将心中的焦躁沉淀下来，给自己一些时间和空间，不要像一个两头燃烧的蜡烛，过分消耗自己的精力。当我们觉得烦躁的时候，不妨看看书，发发呆，摆弄摆弄花草，为自己的未来规划一张蓝图。不要急着赶路，淡然前行，看尽人生路上的风景，才是幸福该有的节奏，才是青春该有的经历。

没有不快乐的事，只有不快乐的心

有一天，凯特去拜访天生乐观的米拉奇，只见米拉奇乐呵呵地请他坐下，凯特向对方开始提问："假如你一个朋友也没有，你的心情会怎样？"

米拉奇回答："如果是这样，我会高兴地想，我很庆幸没有的是朋友，而非自己。"

"假如你正行走，突然掉进一个泥坑，等你出来以后，你的身上满是泥巴，你的心情会怎样？"

"如果是这样，我会高兴地想，我很庆幸不小心掉进了泥坑，而非无底洞。"

"假如你被人突然猛打一顿，你的心情会怎样？"

"如果是这样，我会高兴地想，我很庆幸仅仅是被打了一顿，而非被杀害。"

"假如你在拔牙时，医生因工作疏忽错拔了你的好牙而将你的坏牙留下了，你的心情会怎样？"

“如果是这样，我会高兴地想，我很庆幸他错拔的只是一颗牙，而非我身上的心脏等。”

“假如你睡觉正香时，有人用歌声吵醒了你，你的心情会怎样？”

“如果是这样，我会高兴地想，我很庆幸这里只有一个人吵我，而非一匹狼。”

“假如你的妻子背叛了你，你的心情会怎样？”

“如果是这样，我会高兴地想，我很庆幸她只背叛了我一个人，而非整个国家。”

“假如你马上就要失去生命，你的心情会怎样？”

“如果是这样，我会高兴地想，我终于开心地走完了人生之路，我想，我是奔着另一个盛大的宴会去的。”

“如此说来，生活中没有什么是可以令你痛苦的，生活到处都是快乐？”

米拉奇带着快乐的神情说：“对，如果你愿意，你就会在生活中随时发现和找到快乐。痛苦往往是不请自来，关键在于，我们要学会如何去发现与寻找快乐和幸福。”

生活赋予了我们各种各样的经历，虽然我们无从选择，但是我们可以决定自己的态度。正如米拉奇那样，在获得成功的时候，我们会快乐；在受到安慰的时候，我们会快乐；在爱充满人间的时候，我们快乐；甚至有时在流泪的时候，我们也会快乐。只要我们拥有一颗快乐的心，那么就没有不快乐的事。

快乐由心而生，生活只能给我们快乐和悲伤的机会，而真正的感觉由我们自己创造。生活百味，在人生的旅途当中，我们会有各种各样的经历，可能让我们感到幸福，也可能是失落，但无论遇到了什么样的事情，我们都要保持快乐的心态，从平凡的生活当中，从困境当中找出快乐的理由，由此获得心灵的平静。

生活当中的不如意实在不少，尤其对于我们而言，生活经历有限，再加上社会的巨大压力，内心失去快乐似乎并不鲜见。其实大可不必为此伤怀和难过，要勇于让心灵接受快乐之光的照耀，就像米拉奇一样，以一颗无比快乐的心接纳眼前发生的一切。佛曰：我快乐，因为我普度众生；农民曰：我快乐，因为我每天脚踏实地；乞丐曰：我快乐，是因为我生活没有任何杂念……

总之，真正意义上的快乐是精神和内心的一种行为，而这种行为恰恰让我们的内心获得宁静。相反，如果一个人整天紧锁眉头，那么这种不快乐也会像"瘟疫"一样容易传染到别人。我们的心灵就像一面镜子，你在当下感受到的，完全由我们的内心来决定。

身上没有愈合不了的疮疤，只有不愿愈合的心灵疮疤。

所以不要总沉浸在挫折、伤痛当中，也没必要每天都对生活愁眉苦脸。生活就是痛并快乐着的过程，我们应该快乐，因为快乐是对自我的一种超越，是一种悲天悯人的宽容，是一种来自内心的自信，是一种长大了的成熟。快乐就是润滑人际关系的一方良药，快乐就是挑战自我的一块基石，快乐就是收获健康的一把金钥匙。让快乐的光照见心灵，不失为一种做人的气魄、气度和智慧。快乐如此温暖，如此智慧，我们的心还在犹豫什么呢？

不要管周围的人是否真的快乐，他们过得不好是因为自己不愿意快乐起来。其实快乐对于每个人而言，都是极其公平的，它就静静地站在我们每个人的心里，只是有待于我们去发现和挖掘，所以我们千万不要轻易蒙上快乐的双眼。

特别是当我们内心深感压抑、难过的时候，静静地享受一个人的下午茶，或者给亲人打一个长长的电话，这都会让我们备感温暖和幸福。关键还要看自己的内心，如果想着自己是快乐的，那一定就是快乐的；如果觉得自己无法快乐起来，那一定就是忧郁的。认真对待生活的每一天，做好我们自己，调节好自己的心，有所求，有所不求，那样快乐就会整天围绕着你。

输什么也不能输了心情

每个人都有两个年龄，一个是生理年龄，一个是心理年龄。众所周知，生理年龄相同的人，心态不同年龄气质的差别就会非常明显。想要永葆青春的人，除了生活中的各种身体保养之外，心情的保养必不可少。如何才能给我们的心做些保养呢？

仔细一想就会发现，孩子们和成人最大的区别在哪里呢？无非是心境的不同。孩子们没有什么心事，每天都过得无忧无虑，快快乐乐；而成人们呢？在名利当中沉浮，在物质当中追逐，每天都活在烦扰当中。

很多人都认为这样的现实是无可避免的，也是成长的悲哀。但是我们的心可以脱离这样的现实。只要我们的心还年轻，那么我们就不会对现实充满绝望，每天都能神采奕奕，不会感到疲惫不堪。人生各处都是一种轮回，我们的心亦然，在消极情绪占上风的时候，我们要懂得发泄。

小张做业务员有几年了，他身边的同事走了一批又一批，只有小张一直留在自己的岗位上，今年的他已经荣升为业务经理，再也不用去跑业务了。但是这对于他来说反而有点失落，因为生活轨迹发生了改变，他轻松了很多，赚的钱也更多，但是他却觉得自己越来越不快乐。

在这样的生活持续了一段时间之后，他跟上司领取了年假，然后收拾背包去旅游。他回想自己曾经想要去的地方，一一筛选，最后发现，那些曾经向往的繁华都市现在反而不想去了。最终他并没有走远，只是带着帐篷到郊外去野营。

夜幕降临了，小张躺在草地上看星星，突然觉得很疲惫，仔细想想，自己还不到 30 岁，还是大好年华，为什么却觉得心越来越累，自己已经很苍老了呢？明明现在的工作和生活都是大学毕业的时候最向往的，为什么现在却没有了快乐的感觉了呢？

这一夜，小张失眠了，他想到自己几年来的奋斗，想到自己没日没夜地打拼，终于找到了答案。在大学时代，他希望能够在自己的岗位上做出一番成绩，证明自己；大学毕业之后，生活的压力让他只想找到一份比较赚钱的工作；当上业务员之后，他每天跟客户周旋，慢慢忘了原来的打算；生活稳定之后，他已经完全融入了欲海当中，随之沉浮；当一切拥有了之后，他才发现自己想要的不过是内心的平静和快乐……

其实我们又何尝不是如此呢？因为只看眼前，不懂得照顾你自己的内心，所以心里的垃圾越来越多，心越来越沉，最终到达谷底我们才发现自己的忧郁，自己的不快，何苦呢？我们的人生就像是连绵起伏的高山，其实我们所要到达的永远是下一个山顶，不要总在一个山头哀叹人生，我们的人生还很长，想想身后的山，我们就有了动力。

不要贪恋眼前的一切，也不要过于执着远方的风景。我们的心和电脑一样，有容量，该保留的保留，该删除的删除，不要将什么都收进眼底，记在心里，那会成为我们的负担。年轻不用想太多，只要知道什么是快乐，这也是我们人生的必修课。

青春正茂，没有什么是输不起的，除了心情。年纪轻轻就满脸阴郁，那么时间久了，它会成为你性格的一部分，当你发现自己不知道怎样笑、怎样快乐的时候为时已晚。不要让自己的心总是为了忧虑而不安地跳动，让它沉淀一下，这个过程也是我们冷静的过程。事后就会发现，没有不能解决的问题。

适时地给我们的心灵松松绑，年纪轻轻不要总是一副老者的姿态，抬头挺胸，沉静地迈出自信的步伐，跨越自己绚烂的青春吧。

第三辑

伤，要疗愈

生活中没有人能够永远一帆风顺，各种不幸之事总会与我们不期而遇。此时，除了要学会发泄内心的痛苦之外，我们还要学会自我调节，实现心理平衡。

留一点缺口才能接近完美

人们总是说"每个人都是上帝咬了一口的苹果",这并非是一种自我解嘲,而是一个事实,证明了金无足赤,人无完人。而且,这并不是什么悲伤的事,正是因为有了缺口,我们的人生才能接近完美。

这并非是一个谬论,女神维纳斯雕像堪称是艺术作品当中的典范,之所以如此完美,正因为它是一个残缺的雕像——女神失去了双臂!虽然曾有很多艺术家试图复原它的原貌,但是无论什么样的动作,都没有断臂维纳斯更加完美。也有说维纳斯的双臂是被原作者毁掉的,因为很多人都说维纳斯的左臂太美了,所以作者毁掉了它的手臂,以保持整体的完美。

正因为失去了双臂,维纳斯才有了惊世之美,残缺使它具备"全数贞静羞涩的美和娴静动人的魔力",成为美的代名词,也激发了不知多少人心中的维纳斯。

无论你有什么缺憾，都不要绝望，因为你还有很长的人生，人生还要继续，只要勇敢面对，自强不息，就能改变自己的命运，就能拥有生命的芬芳。

一位得道高僧，由于年老体衰将不久于人世，他意图从徒弟们中间找一个接班人，于是他对徒弟们说："你们出去给我捡一片最完美的树叶，谁找到了谁就是我的传人。"到底什么树叶才是完美的呢？徒弟们领命而去，各自奔走。

这时候，一个弟子心想：每一片树叶各自不同，哪有最完美的树叶，于是他便在附近树林里随便捡了一片完整无损并且很干净的树叶带了回去。到天黑了，其他徒弟都累得气喘吁吁，也没能找到那片"最完美的树叶"，最终都空手而归。

最后，高僧把衣钵传给了那个捡回树叶的弟子，他告诉众人，"世界上哪有完美的叶子，世界上也没有绝对的完美，如果那么完美，哪还有喜怒哀乐，世态万千？接受不完美，才算真正领悟到了人间真谛啊！"

我们的人生中总有太多的不完美，虽然多有遗憾，不过这也是我们人生的魅力所在，正因为"人有悲欢离合，月有阴晴圆缺"，我们的人生才不会断续。因为有瑕疵，因为有遗憾，我们才不枉在人世走一遭。

世界上不存在没有瑕疵的玉，没有瑕疵的玉只有一种可能，那就是非天然的，但是玉石的价值正在于它的天然。玉当中有杂质，即便再明显，佩戴得久了，玉也会变得圆润，玉当中的杂质颜色也会变淡，慢慢和玉融为一体，这就像是我们的人生一般。

人生百味，有苦有甜，我们难以追求万事的尽善尽美，如果执意如此，那么我们的痛苦和遗憾就会更多。虽然追求完美是我们的一种本能，但我们也要学会调适我们的心，当伤痛无法避免的时候，我们要学会为自己疗伤，不要时时刻刻揭开自己的疮疤去回顾。要记住，我们成长的过程就是一个受伤的过程，唯有受过伤，知过痛，我们才能走向成熟。

所以，面对伤痛，我们不必痛哭流涕，怨天尤人，更不能自暴自弃，失去生活的信念。最好的办法就是坦然接受，并且自励自慰：我是被上帝咬过的苹果，只不过上帝特别喜欢我，所以咬的这一口更大罢了。

心有多大，舞台就有多大。只要拥有信念和一颗上进的心，即使不完美，也有权利享受行云流水的生活，并开拓出属于自己的人生舞台。在那时，人们将看见另外一种美，一种乐观而坚强的美。

再好的球队，也要输掉三分之一的比赛

世界就是这样，希望与失望同在，美好与丑陋并存，我们要学会不只生活在顺境下，也要学会生活在逆境里。漫长的人生旅途，没有谁能够一路瓜果飘香，永远春风得意，也没有谁总是喝凉水都塞牙，一直没有出头之日。得志和失意总是相伴于我们的生命旅程中的，它们时常交错出现，此一时彼一时。

不管是得志之时，还是失意之时，我们都不必让情绪太过激动，得则喜不自胜，失则垂头丧气，这都是不够成熟的表现。只有把心放平，把心放轻，才会有一个好的心境，才能在得志时不忘乎所以，在失意是淡然以对。

一头大象和一只小老鼠相遇了。看到如此渺小的老鼠，大象不屑一顾地甩甩鼻子，流露出鄙夷的神色，阴阳怪气地对小老鼠说："小东西，你居然赶来冒犯我，真是吃了雄心吞了豹子胆！"

听大象这样说，小老鼠并没有慌张，而是心生一计。它对大象说："尊敬的大象先生，您长得如此高大威猛，真是让人羡慕，看着你那又长又直的鼻子，我真想摸一下。我可以摸一下吗？"

高傲的大象最喜欢听这种恭维的话了，听小老鼠这么说，它很是得意。心里想：没想到这只小老鼠还是很有眼光的嘛！在这种得意的感觉影响之下，大象伸出了自己的长鼻子。小老鼠则顺势爬到了大象的身上。

让大象没想到的是，小老鼠可不仅仅是摸摸它那么简单，而是使出了浑身解数开始折磨大象。它一会儿跳到大象的脖子上挠来挠去，一会儿又在大象的耳朵旁边左拉右拽。大象哪见过这阵势。为了摆脱这种不舒服，大象只得一个劲地甩着长鼻子，试图把小老鼠给赶下来，可是小老鼠的动作灵活，大象显然不是小老鼠的对手。

所以，才一会儿的工夫，大象就累得气喘吁吁，最后，大象终于缴械投降了。

"四两拨千斤"没想到真的"应验"了。这是不是大象得意忘形惹的祸呢？

我们的人生是分阶段进行的，我们的生活由每一天组成，我们无法保证每天都过得顺利美好，难免会有伤心失落的时候，但这并不意味着我们的人生是失败的，这只不过是一个阶段、一个经历而已。就像各种竞技比赛一样，没有常胜的队伍，即便输掉一些比赛，但只要赢的次数比较多，这支球队也是一支完美的球队，球队的一两次失败并不能否定它的成绩。

我们的人生也是一样，即便有时失意，也不能对整个人生失望。即便对于生活来说我们只是一只小老鼠，我们也能利用我们的努力活出精彩的人生。记得一个电影当中有一个故事，两只小老鼠掉到了黄油桶当中，有一只放弃了，溺死在了黄油当中，而另一只努力地搅动黄油，最终将黄油变成了奶油，免去了溺死的命运。

人生三分天注定，七分靠打拼，既然生活为我们预留了七分的空间，那么为何不去挥洒一番呢？无论得意还是失意，只是一种人生状态而已，不必刻意地去浮夸，也无须多余地去掩饰，生活的棱角自有它自圆其说的道理。纵使我们面临窘境、困境，受到了伤害，只要我们相信时间，相信人生和自己，那么伤口总有一天会痊愈的。

再不如意，也要自我安慰

生活中没有人能够永远一帆风顺，各种不幸之事总会与我们不期而遇。此时，除了要学会发泄内心的痛苦之外，我们还要学会自我安慰，以此来消除内心的痛苦，实现心理平衡。

从前有一只狐狸，它听说前面的庄园中种植着大片的葡萄，于是准备到那里去尝尝鲜。呀，那一串串葡萄晶莹剔透的，狐狸看得口水直流。但是，农庄主早有准备，将葡萄架搭得老高。狐狸实在是不甘心，就一直向上跳，然而葡萄架太高了，它累得筋疲力尽，还是够不着葡萄。唉，狐狸失望极了，但很快它就安慰自己说："这葡萄没有熟，肯定是酸的。"于是便笑着离开了。

《狐狸吃葡萄》的寓言故事众所周知，它讽刺了狐狸的虚伪，因为吃不到葡萄就自欺欺人。但是，这种"吃不到葡萄说葡萄酸"未尝不是一种调节心理、平衡心理的有效方法，在心理学上称之为"酸葡萄心理"。试想，如果这只狐狸不安慰自己说葡萄是酸的，估计它就会因吃不到葡萄而遭受痛苦了。

当我们在生活中遭遇困难和阻力时，何不学着做一只聪明的"狐狸"呢？

有人也许不以为然，认为自我安慰是自欺欺人，其实不然。关于狐狸吃葡萄还有另一个版本的故事。狐狸看见葡萄园当中长满了紫色的葡萄，它想进入葡萄园，但无奈栅栏之间的距离太小，无奈之下它为了吃到葡萄整整饿了三天。等它终于可以进入园子吃葡萄的时候，它自然放开了肚皮吃，但是等它饱餐过后又无法通过栅栏离开了。就这样，为了出来它又饿了三天的肚子……

有时我们应该要学会坚持，但有的时候我们更应该学会放弃。当有的时候我们觉得异常痛苦，放弃不失为一种智慧。当面对求而不得的东西时，我们可以安慰安慰自己。我们的人生还很长，我们的未来还有机会。

来到人世走一遭，我们为的是体会人生，而不是被人生折磨。或许我们的路途艰险，我们无从选择，但是我们可以选择自己的态度。自我安慰是对负面情绪的一种抑制。最简单的就是半杯水的例子了，假如你的生命只有半杯水，你会怎样？这时，有的人会自暴自弃地说："我完了，我只有半杯水了。"然后开始诅咒这个世界，如此，他的内心便是痛苦的。但当我们微笑着告诉自己："呀，我还有半杯水呢！"那么，内心就会充满了乐观和积极，进而将痛苦降到最小。

同样一个人，面对同样一件事情，因为内心的想法不同，差别会很大。所以，在痛苦光临，而别人又帮不上忙的时候，我们与其沉在其中，不如学会安慰自己。自己身临其境，对自己最为了解，知道自己为什么痛苦，如此也就能对症下药，顺利地排解内心的痛苦了。

我们不必太在意得与失，而应该重视失去后的另外一番风景。如果失去了鲜花铺满的春天，我们还会拥有雪白如画的冬季；如果我们失败了，还可以在原地爬起来，选择继续向着成功行进。总之，一个人要想洞察人生的全部内涵，真的不能太较真，也不能只想自己而不想别人，也只有懂得自我安慰，才能活出自己的潇洒，才会不至于被生活所累。

看花开赏岁月，让忧愁去漂流

永远不要为打翻的牛奶哭泣，这是一个非常陈旧的故事了，道理我们也都明白，但还是很难真正地做到。忧愁就像是打翻的牛奶，时刻萦绕在我们的心头，让我们自怨自艾，让我们伤心难过。当伤痛来临之时，我们无法避免，只得接受，但是，这并不意味着我们要带着它们过一生。花样年华，应该让忧愁去漂流，尽享岁月静好。

人生不是一场电影，有 NG（NG 在电影中是"No Good"），但不能重来，因为每一天都是现场直播。即便有了不完美，即便有了伤痛，也只能接受，让时间疗愈它们。发生了的事情，就像泼出去的水，纵有盖世奇功也是收不回来的。任谁也没有办法让时间倒流回去，没有办法让已经成为事实的错误消失。对于过去的遗憾和错误，唯一能够对我们产生价值的就是，我们可以从中得到教训，并铭刻在心，为以后避免这样的情况而做好铺垫。

如果总为过去而遗憾和懊悔，心里又怎么能轻松呢？未来的日子又怎么能充满快乐呢？

瑞洁是个在传统家庭教育中长大的女孩，心地善良、内心纯洁。和周围的朋友不一样，她在学生时代都在努力读书，没有触及到爱情。当她毕业进入社会之后，才第一次接受了别人的追求，成为了一个优秀男子的女友。

她对于感情和婚姻是非常保守的，虽然她的很多朋友早在学生时代就尝了禁果，但瑞洁还是认为有的关系要到结婚之后才可以确定。为此她一直没有越"雷池"半步。她的男友非常爱她，同时也很尊重她，从不做让瑞洁反感的事情。

但是，在一次同学聚会当中，两个人的关系有了进一步发展。因为同学聚会他们喝多了酒，所以没有把持住。事后瑞洁感到了莫大的恐惧，她觉得自己的立场发生了改变，自己不再自由。她开始惶恐，怕男友离自己而去，所以总是逼着男友和自己结婚，好让自己安下心来。

实际上，瑞洁的男友真的很喜欢瑞洁，也想过和瑞洁结婚，但是婚姻大事要考虑的事情还有很多。所以她的男友也在考虑当中，比如要预先处理好和双方父母之间的关系，要准备房子，还要准备很多事情。他知道瑞洁骨子里的保守，所以也想尽快给瑞洁一个交代。

但是瑞洁男友的父母有点反对他们的婚事，而且正赶上他们公司考核员工的时候，是一个很好的升职机会，所以瑞洁的男友想要缓一缓，也好和家里多交涉。但是瑞洁一再地催促，最终两个人还是不欢而散了。

分手后瑞洁受到了很大的打击，而且她再也不肯相信男人，不肯相信爱情。

在成长的过程当中我们总会有意无意地犯很多错误，这也可以看作是我们成熟的代价。很多时候或许我们会感到遗憾，但这都是我们人生之路上所必需的课程，顺其自然就好了。如果我们愿意放逐忧伤，那么没有什么伤害是刻骨铭心的。面对忧愁，我们可以放任，让时间去处理它，我们的精力可以放在其他的事情当中，比如欣赏岁月的变迁，看花开花谢，体悟人生的真谛。

不要被成长当中的伤害所击倒，覆水难收，发生的事情我们已经无从改变，紧抓不放也不会对我们的未来有什么好处，学会淡然，学会放手，丢弃忧愁，我们才能找到快乐。

弦断了，也要把曲子演奏完

人生就像是一首曲，中途即便有停歇，但最终还是要演奏完的。不管我们的人生当中有怎样的插曲，都不能影响我们人生的主旋律。在荷兰的阿姆斯特丹有一座 15 世纪的老教堂，它的废墟上留有这样一行字："事情既然如此，就不会另有他样。对必然之事，且轻快地加以承受。"语句虽然简短，但是道理却很深刻——有生之年我们势必会遇到许多不快，它们是我们无法选择也无可逃避的，这时我们只能学会接受它们。接受必然发生的事实，好好地把握现在，这是克服任何不幸的第一步。

一次，世界著名的小提琴家欧利·布尔在法国巴黎举行了一场万人瞩目的音乐会。当时欧利·布尔演奏得非常投入，饱含深情，听众们也听得很入神，不料突然发生了意外状况：一首曲子还未演奏完，小提琴上的 A 弦却断了。

面对突如其来的意外，周围的人异常紧张，他们不知道欧利·布尔该如何"收场"？如果处理得不好，就可能影响到整场音乐会，甚至影响到欧利·布尔日后的音乐生涯。就在"知情人"焦虑和观望的时候，欧利·布尔却丝毫没有在意那根断了的 A 弦，他从容不迫地继续演奏了下去。

当欧利·布尔演奏完毕后，整个音乐厅回响着热烈的掌声。后来，有记者采访欧利·布尔时问及此事，欧利·布尔淡淡一笑，回答道："要不然怎样呢？难道我就不继续演奏了。这就是生活，如果你的 A 弦断了，就用其他三根弦把曲子演奏完。"

A 弦断了，这对任何小提琴手来说都是一件糟糕的事。试想，如果欧利·布尔沮丧并自暴自弃地说："完了，我真倒霉，这可怎么拉下去啊！"那么他就真的完了，不仅会影响到音乐会的效果和自己的前程，而且还会陷入抱怨和诅咒命运的怪圈，自卑自怜地度过一生，成为一个懦夫和失败者。

不管什么时候，在什么场合，发生了怎样尴尬或难以解决的事，不要抗拒，不要逃避，学着面对它，接受它，然后想办法去改变它，而不是随波逐流，任由事态肆意发展，那么此时也就是不幸开始离去之时。正如美国哥伦比亚学院院长赫基斯所说："如果一个人能够把时间花在以一种很超然很客观的态度去看待既定事实的话，他的忧虑就会在知识的光芒下，消失得无影无踪。"

其实，人生当中的很多"办不到"都是我们自己设定的。不管什么困难，只要我们认定能够走过去，那么终会过去；如果我们就此停止，那么困难就会永远横在我们眼前。事实上，我们有的潜力要远远大于我们的想象，其实我们并没有那么脆弱。只要有一份坚持——等待困难过去的坚持，那么我们的人生便会与众不同，更会绚丽多彩。

当我们无法躲避命运的安排时，学会接受，即便是伤害，我们也可以用自己的力量让它愈合。没有时间治愈不了的疮疤，即便有痕迹，但并不会影响我们的人生，反而是岁月留给我们的宝贵经历，是我们战胜生活的证明。

不管眼前有怎样的困境，是什么伤痛袭击了我们，人生终要继续，我们的青葱岁月仍旧青葱。未来的我们还有希望，还有大好的时光，学着接受，学着改变，才能学会成熟，走向另一个人生阶段，演奏出完美的乐章。

人生漫漫，失败也是最美的音符

对于我们来说，最需要的是肯定，最恐惧的，无非是失败。因为我们总会在失败中挣扎哭泣，失败就像是对不自信的人们的嘲笑，是我们最不愿提起的回忆。但想一想我们曾经的失败就会发现，即便当时的我们沉溺于苦痛当中，但现在我们的生活仍在继续，人生需要失败的点缀，它就像是我们人生当中最美的音符。

第一次摔跤、第一次考试失利、第一次失恋、第一次创业失败……我们的人生当中有很多第一次，有第一次成功的喜悦，同样，也有第一次失败后的难过。没有尝过苦药，不能切实体味到甜的滋味。成长路上需要失败，只有失败才能让我们的人生趋于完美，才能让我们认识到成功。

失败并不一定是我们人生的结局，没有什么过不去的沟壑，只有没胆迈出的脚步。如果你在困难面前一蹶不振，那么就会注定永远失败。其实，生活很简单，它不是你死我活的战场，我们也不必怀着不成功则成仁的决绝。失败也不是什么大不了的事情，只是我们人生当中的一部分而已。只有高音没有低音的音乐一定没有韵味，只有成功没有失败的人生必然索然无味。失败不一定会毁掉生活，反而会使生活交响乐更加恢宏。

戴尔·卡耐基事业刚起步的时候，在密苏里州举办了一个成年人教育班，并且陆续在各大城市开设了分部。他花了很多钱做广告宣传，房租、日常用品等办公开销也很大，但一段时间后，他发现数月的辛苦劳动竟然连一分钱都没有赚到。卡耐基很是苦恼地结束了这一切，并且整日闷闷不乐，神情恍惚。

这种状态持续了很长一段时间后，卡耐基找到了老师乔治·约翰逊。"失败有什么？让你更清楚地看清自己罢了！"老师的一句话意味深长，令卡耐基顿悟，于是，他开始静静地思考自己存在什么问题，工作是不是需要改善……一番思索后，他改变了成人教育的研究方向，致力于人性问题的研究。经过一段时间的努力，卡耐基开创出了一套独特的融演讲、推销、为人处世、智能开发于一体的成人教育方式，他的著作《沟通的艺术》、《人性的弱点》等出版后，立即风靡全球。

从这个故事中我们可以感受到，尽管失败使我们痛苦，但经受失败没什么大不了，只要我们能够积极一点，乐观一点，善于从失败中学习，不断地总结失败的教训，并不断告诫自己，下次绝不会犯此类错误，重整旗鼓、从头再来，那么就能一步步走出失败的阴影，收获成功的阳光。

失败并不是什么可耻的事情，不要不敢面对，青春无敌，没有什么是我们面对不了的。我们未来的路还很长，一时的失败并不能将我们的整个人生打入地狱。坚持下去，告诉自己，这只不过是一时的失败而已，不要时时刻刻都暗示自己"我已经失败了"。这只能让自己跌入永不翻身的深渊。

想得简单一点，不过是失败而已，这是在为人生的曲线积蓄力量，下一步我们就该向上走了。留下教训，抛却负担，轻装上阵，走向成功的彼岸吧。

生命只有一次，没有理由去荒废

生活中，我们难免遭遇挫折，让自己变得垂头丧气。一次，两次，我们提醒自己必须鼓起勇气，这都不算什么，挫折是通往成功的一扇门。于是我们站起来了。可是，同样的事重复十次八次，甚至上百次，我们的热情、愿望就像熄灭的火一样，再也燃不起来。我们放下了追逐的梦想，扔下了拼搏的计划，任自己曾经的心血像杂草一样荒废。人生在给我们机遇的同时，也安排了很多陷阱，落下去，就意味着荒废。

一旦人们习惯了荒废，就会觉得自己不适合做的事越来越多，理想的光芒渐渐消磨，只想如何才能混日子。于是，我们对自己的要求越来越低，做什么事越来越对付，别人对我们的印象越来越差，甚至会说："你变化可真大。"可惜，不管对方是惋惜，还是幸灾乐祸，都激不起我们曾经的雄心壮志，我们再也没有成功的意念。

当习惯成自然的时候，我们就会发现自己的荒废已经成为了一种堕落，曾经的伤痛已经不值得他人的同情，在长吁短叹中后悔自己没有及时站起来。

难道我们真的要到站不起来的时候再去后悔吗？仔细想想，那些原因真的值得我们荒废自己吗？哪个人的成功都不是大风刮来的，都经历了无数次失败，为什么那么多人坚持不住，宁可当个普通人，也不再去尝试？因为他们碰壁碰疼了，碰怕了，碰烦了。换言之，他们是不珍惜自己，在他们面对困境的时候，他们不懂得如何自救，甚至没有自救意识。

有一个女孩从小喜欢乒乓球，但是，她身材过于矮小，不论是市里的还是省里的乒乓球队，都拒绝她的加入，她也曾经为此苦恼丧气。不过，她不愿放弃自己的理想，仍然勤学苦练，在一次次比赛中让人刮目相看。

后来，她进入国家队，国家队高手如云，个子矮仍是她的"硬伤"，但是，她靠着坚持不懈地努力，坚持了下来，始终刻苦练习，终于成了世界闻名的乒乓球运动员。

很多时候我们没有达成自己的愿望，不是自己的能力不够，而是我们给自己的心理加了太多限制，旁人对我们的行为的评判，也让我们觉得这限制"有理有据"。可是，多一个限制，就是给自己绑了一条枷锁，有一天你会发现你连行动都困难。这个时候，如果你没有为自己解开枷锁，最终你只能滞留在原地。但只要你想得开，你会觉得以前的想法有点可笑：为什么当初以为自己不行？

挣脱自我限制的方法只有一个：说服自己再来一次。无论想做的是什么，不论想要的是什么，将自己当作一个初次参赛的选手，在乎经验而不是结果，让自己的心始终像一个被倒空的杯子，随时能装进新的东西，拥有这种"随时再来"的心态，你即使没有达到想要的结果，也能有其他收获，例如，经验，机遇，其他的可能。

善待自己是最高的智慧，荒废自己是最低级的愚蠢。我们只有一次生命，没有任何理由去浪费，旁人如果阻挠我们，我们知道反对；环境如果阻挠我们，我们知道克服。最怕的就是自己阻挠自己。千万不要给自己的心罩上一个一个的罩子，看似安全，却扼杀了自己奋发向上的能力。拥有一颗乐观向上的心，才能不断战胜自我，一步步成长。

在心间种一棵"忘忧草"

万花筒一般的世界里，有多姿多彩的幸福，也有忧郁暗淡的时光。若没有一颗淡定从容的心，没有一份超然物外的洒脱心境，就只会任由忧郁无限地扩大，慢慢吞噬掉所有的幸福。

安安在一家保险公司做经理助理。这家公司的氛围很积极、很阳光，每天晨会都会激励员工，让大家充满激情地开始新一天的工作。周围的同事们，每天都快乐着，闲暇的时候会讨论吃什么，周末到哪儿去玩，沉默寡言的安安对此却没有丝毫兴趣。她不爱与同事交谈，总是一副冰冷冷的样子，每天沉浸在自己的世界里，周围的人慢慢疏远了她，她却浑然不知。

每天下班回到家，安安都觉得眼睛酸胀，腿也有点水肿。原本，这是上班族的通病，可她想得却有点多：生活怎么如此艰难？工作怎么如此机械？我到底在追求什么？

她对生活有过太多的设想，虚幻的网络环境让她憧憬着美妙而诗意的生活，可现实不是童话，她不愿意面对，也不愿意接受，只是沉浸在小伤感中不能自拔。这样的日子，过了一天又一天，每天晚上她想着想着都会忍不住流泪。大概是忧郁成了习惯，她的眼泪越来越多，心灵也变得越发地脆弱。

生活无法永远按照我们预定的方向行驶，但也正因为有了未知，生命才变得有意义。谁都会有不完美的地方，谁都会遇到不顺心的事，如果都像安安一样钻牛角尖，不肯敞开心扉，始终让心灵藏在阴暗的角落里，那么这一辈子都很难快乐了。倒不是因为她的人生路上有太多不幸，只是因为她把目光锁定在了"不幸"上，忽视了那些幸运的事情。

就像黑夜总与阳光同行，快乐总与痛苦相伴，如果能多关注一些美好，生活中就会充满开心和阳光；如果死死盯着痛苦，生活就只有不幸和抱怨。淡定的人，会选择最从容的活法，不管遭遇什么，随时都准备放自己一马。因为幸福不是外界环境创造出来的，它是从内心深处散发出来的。

记得著名诗人安瓦里·索赫说过："让世俗的万物从你的掌握之中溜走，不必去忧心，因为它们没有价值；尽管整个世界为你所拥有，也不必高兴，尘世的东西只不过如此；我们该从自己的心灵之中找归宿。"所以，身处喧嚣与浮躁之中的我们，不妨学着在心里种一棵"忘忧草"，让它过滤掉抱怨，赶走忧郁，为心灵带来芳香与快乐。

忘忧草，可以是一本日记。当你感到沮丧抱怨的时候，就把那些压抑的心情写下来。你可以把心烦的事大书特书，反正别人也看不到，只要让自己舒服就好。宣泄过后，你会有如释重负的感觉，反过来再看自己刚刚的"奋笔疾书"，或许你会淡然一笑，把坏心情和那本日记一起锁进抽屉。

忘忧草，可以是一封信。如果写日记是自我倾诉，那么写信就是向他人倾诉，每个人都需要朋友，都需要安慰，只要勇敢地打开心扉，朋友也会尽量帮你分担坏心情。

忘忧草，可以是一场电影。沮丧的时候，看看《幸福来敲门》，别人的幸福之路或许也能引领着你找到自己的方向；失恋的时候，看看《他没那么喜欢你》，让自己看清事情的真相，早点走出过去的阴影；累了的时候，看看《怦然心动》，两小无猜的温情故事或许能给疲惫的心带来一丝安宁……

忘忧草，可以是一段音乐。多年前，有一首歌就叫《忘忧草》"美丽的人生善良的人，心痛心酸心事太微不足道，来来往往的你我遇到，相识不如相望淡淡一笑。忘忧草忘了就好，梦里知多少，某天涯海角某个小岛，某年某月某日某一次拥抱，青青河畔草，静静等天荒地老……"静静地坐在床前，聆听这样的音乐，舒缓的旋律定能够抚慰你那颗慌乱的心。

忘忧草，还可以是转移情景。走出狭小的世界，到外面漫步散心，让优美的景色和新鲜的空气，冲淡内心的烦躁与不愉快；离开令你伤心烦恼的地方，做一些有兴趣的事，参加一些集体活动，在欢乐中摆脱忧郁的阴影。

如果你今天早上醒来时还算健康，那么你是幸福的，因为有一百万人将活不过一个星期；如果你不曾经历战争的危险，那么你比 5 亿人还好命；如果你有食物吃、有衣服穿、有地方住，你比全世界 70%的人还富有……想到这些，你会发现，其实幸福不难也不贵，只要心中有一棵"忘忧草"，每个人都可以从从容容地过一生。

伤春悲秋，不能改变春秋

刘禹锡在被贬朗州之后写了一首《秋词》，诗中这样写道："自古逢秋悲寂寥，我言秋日胜春朝。晴空一鹤排云上，便引诗情到碧霄。"刘禹锡虽然被贬，但是他的心态是积极向上的。秋天正是诗人悲伤缅怀的季节，而刘禹锡又遭遇被贬，实在应该以一个落魄诗人的形象愤世嫉俗才算合情合理。但是作者一改对秋天的看法，他认为秋天是收获的季节，比春天还要有朝气，实在不该有悲伤的思绪。

我们太容易多愁善感，有些时候天气都会影响我们的心情，但仔细想一想，我们心情不好对我们的境遇并没有多大的改变，也没有什么帮助，既然如此，又何苦为难自己呢？我们在漫漫人生路中需要学习的是如何治疗自己的伤痛，而不是悲天悯人，总沉浸在消极的情绪当中。

《红楼梦》是我们非常熟悉的作品，林黛玉小鸟依人，弱不禁风，但是很多人并不是很喜欢这个角色。因为她太过多愁善感，就连花开花谢这样自然的轮回都会勾起她的伤心事。或许她年纪轻轻便香消玉殒就和她平时的心境有关系。

我们时常看新闻，有的时候一些绝症患者反而能够创造奇迹，因为他们积极向上。对于一个健康的人来说，如果长时间活在消极的情绪中，那么最终受伤的不止是我们的心灵，还有我们的身体。而往往，悲伤是我们强迫自己酝酿出来的情绪。

一个诗人和一位禅师在山间散步，此时正是秋天，看着树叶一片片落下，诗人伤感不已，念诵了不少悲秋的名句。正在唏嘘，突然听到有人用破锣嗓子大声地唱着山歌，内容喜气洋洋，诗人悲秋的情绪立刻被破坏，他面色恼怒。

这时，见那唱歌的人牵着牛走了过来。诗人连忙问道："这么悲伤的景致，你怎么还有心情唱歌？"

"有什么可悲伤的？"那人莫名其妙地问，"庄稼收了，我高兴就唱了！"

"你为什么不看看这些落叶。"诗人说，"草木摇落，生命就这样消逝，再也回不来，你的生命也像这些落叶，就这样一年年一去不返……"

"你还是去那边的麦田走走吧！"那人不客气地打断他说："麦子熟了，你就能吃饱饭了，这还不是高兴事？"说着牵着牛走远了。

"真是不可理喻！"诗人骂道。

"我倒觉得那位施主说得更有道理，荣枯有序，感怀那些逝去的，不如欣赏拥有的。"旁边的禅师如是说。

诗人喜欢伤今怀古，时间久了，这成为了一种习惯。根据弗洛伊德的理论，一个人长时间沉浸在一种悲伤情绪当中，时间久了，他会转而爱上悲伤。这就是一个人忧郁气质的形成，因为习惯了悲伤，习惯了难过。

其实何必呢？人生中有那么多美好的片段，为什么一定要保持一种忧郁的情绪，时时抓住悲伤不放呢？即便你身边的人怜你、顺你，但是时日久了没有人能够接受悲伤的低气压，他们会离你远远的，你最终只能越来越伤感。

不要没有缘由就感伤，我们还没有到参悟一切的年龄，我们的人生之路还很漫长，我们还有很多没有见过的景色。春去秋来是生命的轮回，不会因为我们而有所改变。正如我们所受的伤痛，只不过是我们人生当中的必经之路，我们无力阻止，但这也只是一种经历而已，我们无须时时悼念，对我们没有任何好处，还是看眼前，看未来。等待下一个春天的来临。

纵使百般沧桑，做个天使爱自己

　　在现实生活中，我们常常见到这样的情境：有的人一旦觉得自己怀才不遇，或者遭受到爱情的打击，总是想快点一醉方休，试图让酒精迷倒自己的神经，次日醒来，却发现不得志的事实还在，痛苦依然存在心里。实际上，像这样借酒消愁只是将人的意志力消磨掉，而不会让自己富有激情地去面对明天。

　　其实，不管现实有多么不顺心，多么不如意，我们都要学会自我调适。只有这样，我们才能把自己从痛苦中救赎过来，才能彻底地解决所遇到的难题。曾经有人说过："一个人磨砺的次数越多，此人就越成熟、稳练。"确实如此，人生之路中的各种不愉快，都是对我们自身的一种心灵考验，否则，人生之路反而显得不完美。

　　我们可以从不同的角度审视自己，这样在我们伤心难过的时候，说不定我们会从另一个方向看到希望。只要我们给自己的心设置几个不同的频率，懂得调适，那么我们就能笑对得失，笑看风雨，笑看人生。

爱丽斯遭到男友的抛弃之后，来请教一位大师指点，她对大师说："我心里很愤恨，他活得竟然还挺好的。"

大师问道："为什么你会如此愤恨他呢？"

爱丽斯回答道："当初，我和他在一起时，曾经立下过誓言，有一天，如果谁先背叛了对方，那么这个人在一年内一定会死于非命，可是，两年时间过去了，他却还健在，难道老天爷不公平吗？"

大师说："如果人间所有的誓言都会实现，那么，世界上就不会有任何人了。不是说老天爷没有眼睛，而是说你和他之间的爱情已然发生了变化，在智者的眼里，誓言就像一个泡沫一样瞬间就会消失。"

爱丽斯接着问道："大师，那我该怎么办呢？"

于是，这位大师就给她讲起了一则寓言故事。

"有这样一个人，用水养了一条非常名贵的金鱼。有一天，鱼缸不小心被打破了，这个时候，这个人面对着两种选择，一种选择是站在水缸前诅咒、怨恨，亲眼目睹金鱼失水而死；另一种选择是赶紧拿一个新水缸来救金鱼。如果换做是你，你该如何做呢？"

爱丽斯回答道："当然赶快拿水缸来救金鱼了。"

大师缓缓地说道："非常正确，你应该快点拿水缸来救你的金鱼，给它一点滋润，先将它救活，然后丢弃掉被打破的鱼缸。如果一个人放下了诅咒与怨恨，才能真正懂得爱是什么。"

爱丽斯听完以后，脸上带着微笑，欢喜地走了。

在实际生活中就是这样，如果不懂得进行自我调适，实质上就是自己故意和自己过不去。所以说，千万不可一遇到不如意的事情就计较个不停，一条道走到黑。反之，如果心胸豁达一些，性格开朗一些，就会很快让澎湃着的那颗心平静下来，从而让自己快乐起来。

记得听过这样一句话："你不会爱自己，谁会爱你呢？"最爱我们的永远是自己，别人如何对我们是他人的权利，世界如何对我们，我们无法预测，也无法决定，不要去管这些无法控制的，学会爱自己才是最重要的。况且我们的人生之路还很漫长，如果就这样被伤痛打倒，那我们的人生岂不是更悲哀、更难换？

学会做自己的天使，学会给自己希望，学会为自己疗伤，这样我们就能以无惧的大步走在人生路上，遍观人生路上的风风雨雨，看尽人生路上的各处繁华。

跌倒了，是给你一个认真看路的机会

世上任何事物都有不同的看待角度，同样，挫折和伤痛也是如此。在人生的旅途当中，我们不知会摔多少跟头，也不知已经摔了多少跟头。回望前路，你跌倒后做了些什么呢？是迅速地振作起来重新前进吗？

我们因为年轻，所以敢于拼搏，即便受了伤，也可以马上振作。但或许你并不记得自己为什么摔倒，或是在哪里摔倒。受伤难道是我们唯一的记忆吗？我们换个角度想一想，我们摔倒的原因是什么呢？难道不是生活给我们提了一个醒吗？让我们及时看路，及时变方向，避开更大的灾难。

有的人受了伤只当这是生活跟他开玩笑，有时会抱怨几句，有时根本不当一回事。其实每当这时我们都放弃了一个修正错误的机会。没有人会不犯错误，人生就是一个犯错再改正的过程，如果你没有犯过错，那么只能证明你的人生没有过经历。受挫是必然的，振作也是应该的，但是在振作之前，我们应该先收集一些对我们有益的信息和经验，这样才有利于我们重新出发。

在上大学的时候，他就开始踏入社会了，他想要尽快闯出一番自己的天地。和朋友们找工作实习不同，他想干的是属于自己的事业。为此，他跟家里要了一笔钱，作为自己的创业基金。

刚开始，他进了一些货物卖，但是他没有什么经验，又缺乏市场洞察力，生意冷淡。最后别说赚钱，就连本钱都赔了进去。不过他认为这只不过是自己没什么经验而已，下次一定会更好。在这次失败过后，他并没有沉浸在痛苦中，反而是很快地振作了起来。

很快，毕业的季节来临了。对于他来说，这是梦寐以求的时刻，因为他终于能放开手脚去拼搏了。他的家人给予了他精神支持的同时，也给予了他物质支持。有了启动资金，就不愁生意做不起来。虽然家中给他建议要他先观察市场，多了解了解再去做，但是他等不及，还是出手了。这次的结果和他第一次创业没有什么不一样，还是以失败告终。

但是两次打击也不能毁灭他创事业的决心。这次他断了自己的后路，不再跟家里要钱，而是和朋友借钱。重新开公司。他不相信，自己这么优秀，生活会一直这样拿他开涮。可是结果仍旧是失败……一次次的挫折都没有将他打垮，他一次次地振作，但是他的生活和生意没有丝毫改变，唯一改变的就是他债务的数字。

后来他实在想不通，就找到了曾经大学时代的导师，和他倾诉。他对导师说："我实在想不通为什么，我已经非常努力了，但生活一再捉弄我。每当挫折来临的时候，我都告诉自己我还可以振作，但是生活没有给我一丝回报！再这样下去我真的不知道我还能坚持多久……"

他的老师听完后没有马上发表意见，而是给他讲了一个自己的经历。他说："我年轻的时候曾经喜欢四处旅游。有一次，我徒步走到了一片草原中。那里鲜有人烟，草生得非常茂密。当时是下午，我想要快点走出草地，找到一个落脚地。在我走了一段路之后，不知道被什么绊了一下，摔了一个大跟头。不过我没有在意，因为我很着急，所以我马上站起来继续前进。但是没走多远，我又摔倒了。这个跟头摔得很疼，同时也让我意识到了一件事情，这是一片草地，没有树根的牵绊，我为什么会摔倒呢？等我仔细观察才发现，绊倒我的是一个草环，而且周围有很多，让我想不到的是，这些草环勾勒出了一个轮廓，而在这些草环中央是一片沼泽，那正是我要通过的地方……"

听完老师的话，他若有所思。在那之后，他静了一段时间，没有急于创业。在他周围的人以为他一蹶不振的时候，他厚积薄发，重新开起了公司，而且短短的几年时间就让公司走上正轨，他终于成就了自己的事业。

人生最有意思的事情在于生活有时会和我们猜谜语，答案需要我们自己去寻找。在遇到问题的时候，我们往往容易被伤痛蒙蔽双眼，忘记了深层剖析问题。有句老话叫作"失败是成功之母"，这句被人们嚼烂了的话有时最容易被人们忽略。

失败是成功前的经验，也是我们人生的提示，多看看眼前的苦难，从中找到希望的影子，也能找到我们未来的路。

你若不勇敢，没人替你坚强

不幸的生活会让人感到委屈和沮丧，但委屈和沮丧之后，不要忘记要努力地去和不幸抗争。不管怎样，我们要认清楚这样一个真理：无论生活是公平的还是不公平的，他们都坚持自己给自己公平。是的，没有人能解救我们，真正帮我们从不幸中解救出来的只有自己。正所谓自救者，天助之，我们要努力地从命运的嘴中夺取幸福。

不要高估不幸的杀伤力，也不要低估自己的承受力。很多时候，我们的承受力远远超出我们的想象。在充满苦难的生命中，没有过不去的坎儿，只有过不去的人。如果你能抱定一颗永不放弃的心，你就一定会过上幸福的日子。

那些将不幸打败，并最终走向平坦大道的人会告诉你：不幸并没有那么难以打败，只要在不幸中坚持对美好生活的向往，学会坚强，那么我们终会脱离困境，将自己解救出来。《英国和威尔士的美人》一书的作者约翰·布里敦就是这样一个坚强而勇敢的人。

约翰·布里敦出生于牙买加首都金斯敦一个非常贫寒的家庭，他的父亲曾经做过面包师和麦芽制作工，因生意被人挤垮而发了疯。那时候的布里敦还是个孩子，面对突如其来的不幸，他感到很委屈、很无助，但并没有因此而堕落。

小小年纪，约翰·布里敦就去叔叔家的酒店干活了，他像个大人一样，帮着伙计装酒、上瓶塞、储存葡萄酒。辛辛苦苦干了 5 年活后，他突然被他叔叔逐出门。兜里只有几个硬币的他，硬生生熬过了 7 个漂泊不定的年头。

孤苦伶仃，没有任何依靠的约翰·布里敦在他人生中最青葱的年华里，经历了种种委屈。没有人能够帮他，能够帮助他的只有自己。被叔叔赶出门后，他没钱坐车，便徒步走到了巴恩，在那里找到了一份擦鞋的工作，赚了些路费后，他又去了大城市伦敦。

在伦敦，他身无分文，衣服也是破烂不堪的，根本无法保暖。后来，被饿得面色发紫的他终于在伦敦酒店找到一份管窖的工作。工作很辛苦，每天要从早上 7 点工作到晚上 11 点，并且要一直闷在漆黑的酒窖里。长时间过度地劳累影响了约翰·布里敦的健康，但他并没有因此就懒下来。为了摆脱穷困的命运，约翰·布里敦一有时间就读书写字，由于他住的地方十分寒冷，他又没钱买炉子，所以一到晚上就不得不缩在被子里看书。

后来，他开始从事律师的工作，这份工作相对轻闲些，工资也比以前高。他在工作之余，会抽空去逛书摊，如果买不起书，就站在那里看，这种方法使他积累了很多知识。又过了几年，他换了一家律师事务所，工资也涨了些，但他仍然坚持看书，并尝试写作。

在 28 岁那年，他出版了自己的第一本书《皮萨罗的求职经历》。从那以后直到去世，约翰·布里敦一直坚持文学创作。55 年间，他出版的作品达 87 部，《英国和威尔士的美人》就是其中之一。

约翰的人生给他加诸了很多苦难，对于一个普通人来说，这些苦难是至死都难以愈合的伤，但是坚强的约翰却用自己的坚强和勇敢战胜了伤痛，自己将人生的画卷绘制得多姿多彩。试想一下，如果把他的命运安插在我们身上，也许我们早就在无情的生活中丧命或是堕落了。约翰·布里敦值得我们敬佩的地方就在于，他的每一次成长，每一个收获都是从无情的命运嘴中抢过来的，上天没有赐予他好的出身，好的家庭，但给了他坚强的意志以及不认输的倔强个性，这足以让他受益一生。

可以说，每一个正享受生活甘甜的人，其幸福都是从命运嘴里抢过来的。只不过，不是所有人都能用坚强的意志和勤奋的劳作帮自己摆脱多舛命运的折磨。一个人如果什么都不做，就举起双手向命运投降，那么不幸带给他的就只能是屈辱和不堪。

巴尔扎克说过"不幸对于懦夫是万丈深渊"。在这个世界上，没有人想做懦夫，但很遗憾，因为实力不济、意志力不坚定，千秋万代懦夫总是层出不穷。懦弱使他们一次次掉进万丈深渊，轻则受伤，重则万劫不复。

正在苦难这一委屈中煎熬的你，是要做勇往直前的勇者，还是退缩不前的懦夫？现在不勇敢，更待何时？懦夫容易做，只不过，一旦做了，就注定一辈子无法从不幸的泥淖中走出来。做勇者虽然苦些、累些，但只要咬牙坚持一下，就能亲手改变自己的命运，让自己获得幸福。

第四辑

痛，要转化

正是因为痛苦，才成就了快乐；因为挑战痛苦，才获得了自我超越。每一个人，每一段路，在通往幸福的终点之前，都要经过几个名叫"痛苦"的路口。

爱自己，不为别人伤害埋单

漫漫人生中，我们会遇到各种各样的人。其中有些人是喜欢揪着别人的"尾巴"来嘲笑别人，面对这些人的时候，我们该怎么办呢？

我们应该主动地把他们对我们的嘲笑视为赞赏。因为嘲笑就好像一条狗，如果它不认识你，你又从它身边经过的时候，它便会对你吠叫和追赶你。但是，他认识了你或者你回转头对着它的时候，狗便不再吠叫了，反而摇着尾巴，让你来抚摸。这就说明只要你主动地迎击嘲笑，到头来它反而会为你所融化克服。

英国有一句谚语："天天，和你所相信的价值一起前进。"环顾四周我们会发现，其实生活里有许多看似荒唐的行为中都存在着巨大的商机。其实哪怕被全世界嘲笑，只要自己认准了，就一定要执着地坚持下去。也许，人生的第一桶金就出现在这一看似让人啼笑皆非的"荒唐"行为里。

　　受了伤，感觉到痛，我们就要学着转化，将受到的伤痛以另一种形式发挥应有的力量。别人伤害我们或许是无心，或许是有意，如果一个人故意伤害我们，那么只能说明他居心叵测，我们如果倒下了，那么正是我们的敌人所期待的反应。

　　在伤害我们的人面前，我们为什么要示弱？又怎么能示弱！他们之所以能够伤害我们，并不代表着我们能力的不足。可能是他们见缝插针，也可能是我们过于信任。只要找到问题的根源，反击并不难。

　　嘲笑之人，大都心无定力、朝三暮四，或者心怀叵测、妒贤嫉能。被这样的人嘲笑，我们应该坦然接受并笑脸相迎，这是最大的智慧。

　　有这样一则寓言：一群青蛙在高塔下玩耍，其中一只青蛙建议：“我们一起爬到塔尖上去玩玩吧。”众青蛙都很赞同，于是它们便呼朋唤友地相伴着往塔上爬。

　　爬着爬着，有只平时很聪明的青蛙说：“我们这是干吗呢，又干渴又劳累，费劲爬它有什么用！”大家都觉得它说得有理，于是一只青蛙停下来了，三只青蛙停下来了，五只、十只，慢慢地，几乎全数青蛙都停下来了。

　　只剩下一只最小的青蛙还在缓慢地坚持着。它不管众青蛙在下面怎样鼓鼓噪噪地嘲笑，小青蛙就是坚持不停地向着塔尖爬。

过了很长时间，它终于爬到了塔的最高处。这时，所有的青蛙都不再嘲笑它了，而是在内心暗暗佩服。

这则寓言最后说：原来，小青蛙是一个聋子！它根本就听不见众青蛙的任何议论和嘲笑。

小青蛙想要大家一起去见识一下不曾见识过的景色，但是却遭到了非议。如果它真的能够听到其他青蛙的声音的话，那么它还能坚持一路走下去吗？这个时候我们或许为小青蛙庆幸，幸好它是个聋子。仔细想想看，只有小青蛙看到了最美的风景，这对于其他的青蛙来说是一种什么感觉呢？

在生活当中，我们不妨偶尔"装聋作哑"，在他人用语言攻击我们的时候，我们装听不到就好，我们还在走自己的路，他们的几句话伤不到我们，而我们也没有义务为他人的伤害埋单。

学会转化自己的伤痛，如果困难挡住了我们前行的路，那么我们就偏不如它所愿，偏偏要迎难而上，当我们战胜这一切的时候，任何的痛苦都会被成功的喜悦所替代。任何的非议都会随风消逝，我们会站在成功的顶端俯视那些曾经伤害我们的人，而我们的成功是对自己最大的证明，也是对伤害我们的人的最有力宣言。

过去的事情可以不忘记，但一定要放下

我们时常觉得时间过得很慢，我们的人生很漫长，但是仔细算一算，我们的人生不过只有几十年的光景。在几十年的时间当中，我们都在做什么呢？每天劳碌着，为了生活，为了梦想。那我们的心中想的又是什么呢，受过的挫折，背叛过自己的人，还是那些无法言说的悲伤？

但是将有限的生命分给这些是不是有点太不值得了？在佛学中有六道轮回，人要经过六道轮回才能再生为人，或许有的人不相信轮回，但这也说明了我们生命的宝贵。有限的人生要有意义地过，才不枉生为人。除了生命之外，其他的一切都不过是过眼云烟，更何况那些伤痛呢？该放手当放手，可以记得，但要放下，因为就连我们本身，都只是这个世界的过客而已。

一位禅师在山间散步，一个中年人坐在别墅前画画，看到禅师，礼貌地请他进去喝茶谈天。中年人说："出家人一

无所有，走到哪里，都是过客，虽然洒脱，到底清冷了些。"

禅师想了想，问："这栋别墅现在的主人是你对吗？"

"是啊，我在这里住了 40 年了。"中年人说。

"那么它以前的主人是谁？"

"我的父亲。"

"再以前的呢？"

"我的祖父？"

"如果你去世了，这栋别墅属于谁？"

"当然是我的儿子。"

禅师微笑着说："所以，这栋别墅终究也不是属于你的，早晚有一天会是别人的，你和我有什么不同？都是这栋别墅的过客而已。"

中年人的别墅想必很舒适，让他很骄傲，并以此同情过路的禅师。但禅师告诉他，他们都是过客，没有什么不同。相对于漫长的时间，谁不是过客？那种拥有能够多长久？就算拼尽力去抓住一样心爱的东西，又能抓多久？

既然抓不住，那放下原本就不长久的东西，又有什么好为难的？美好的回忆、心爱的东西都可以放下，伤心失落、痛苦难过又有什么放不下的？这本就是我们前进路上应该要抛弃的东西。

没有什么能够永远光鲜亮丽，迟早都会变得陈旧，痛苦也是一样，让它在时间中跟随着自己，到最终会发现它也不过如此。没有什么能够抵御时间的魔力，既然早晚都要扔掉它，为什么不早一些抛掉包袱，还自己一个自由呢？

拿得起放得下，这是一种洒脱的智慧。人们都说佛者有智慧，这智慧其实就是别人在贪恋人世各种诱惑的时候，他们能够抽身，能够放下。我们只不过是普通人，而且正是追逐的年龄，要我们放下那些诱惑似乎有些困难。那么，我们不如放下过去的挫折，放下苦痛，这样我们才有更多的精力分给未来。

我们的人生并不只是一条大路，其间有很多岔路口，我们时常面临着选择。同时选择，也意味着放弃。

人生没有过不去的坎儿，也没有撒不开的手。我们该有这样一种悟性：没选择的，就是与自己无关的，是好是坏，都在自己的生活之外。自己需要做的是珍惜来之不易的选择，让自己做到最后，唯有如此，才不会给自己后悔的机会，生命才是一条上升的直线。

寒冷不可怜，拒绝向温暖投降

我们都知道能量守恒定律，在我们生活的世界当中，能量是可以转化的，此消彼长，不管是什么样的能量，进行怎样的转化，能量的总量是固定的。同样的道理，当苦痛向我们袭来之时，我们要懂得转化，将痛苦转化成前进的动力，最终将我们从苦海中带离。

痛苦和挫折就像是冰冻我们的寒冷，在这个时候你会怎么做？求救吗？谁能来救你呢？抑或是向温暖低头，祈祷温暖的来临。但事实上，示弱并不能解决我们眼前的问题。为什么不自己驱逐寒冷，制造温暖呢？

在困难面前不管你怎样可怜、怎样委屈，都不能解决问题。真正起作用的唯有坦然面对，将痛苦转化成奋斗的力量。这样你会变得强大起来，强大到困难都惧怕你，理想最终也会照进现实当中。

她曾是国家体操队的运动员，是家喻户晓的人物。在别的小朋友上幼儿园听老师讲故事的时候，她就已经进入了体育学校学习。别的小朋友到了在小学嬉戏打闹，度过快乐的童年时光时，她已经进入了国家队。这也是她一直以来的梦想。进入国家队之后，她经过了几年的努力，成功为国家队争光。

在大好年华当中，她应该享受荣誉，应该品尝胜利的滋味，但是厄运却降临了。在一次比赛当中，还是在她很擅长的项目中，她出了意外。一切发生得很突然，在这件事情过后，她失去了行动的能力，只能终日坐在轮椅上——她瘫痪了，胸部以下失去了知觉。

这标志着她体坛梦想的终结，甚至是人生的一个巨大的转折。面对这样的情况，难过、惋惜是她周围的人所表现出来的，她在伤心过后很快就振作了起来，她选择了坚强。她不断地告诉自己：不要被击垮，一定不要倒下！

有志者事竟成，经过多年努力，她终于迎来了人生中的另一个春天。既然不能再做运动员，那么就进入学校深造吧！她比同龄人晚了一些，但还是成为了一名大学生。在大学毕业之后，她进入了电视台，主持了一档特别节目。

虽说远离了钟爱的赛场，但是她认为，自己照样可以在主持岗位上继续发光发热。就这样，她一直都在不断地鼓励自己、充实自己，工作和生活中遇到的太多太多的磨难，她都坚持克服了。因为她相信，自己可以做得很好。

她就是一直靠这种坚强和乐观走过了风雨人生路，她也是用这样的坚强和乐观感动着全世界所有关心她的人们。

困难最能见缝插针，它就像是影子一般常伴身旁，然后看准我们最脆弱的时候进入我们的内心，腐蚀我们的意志。但是，如果我们有一颗钢铁般强大的心呢？它能奈我们何？不管怎样的苦痛，都要学会转化，乐观地看待，才能有所收获，才能不被苦痛所打倒。

确实，依靠温暖可以过活，但是这只能让我们越来越软弱，越来越怯懦。不要轻易在痛苦中转向温暖，尝一尝寒冷的滋味也许会让自己更加坚强。

生活中有阳光雨露，同时也有乌云雷电。但是，不管何时，都要记住，乌云雷电不过是生活中的小插曲罢了，明媚温暖的阳光才是蓝天永远的主角。所以，当遭遇困境和挫折，我们不必被这些"乌云"搞得懊恼和失望，而应相信，我们有能力改变这一切，灿烂的阳光正在不远处向自己招手呢！

幸福路上，有个路口叫"痛苦"

痛苦就像是成功路上的一扇门，想要找到幸福，就要经受痛苦。很多人都是饱受苦难才得到了幸福。没有苦痛的映衬，幸福也不够美好。正是因为痛苦，才成就了快乐；因为挑战痛苦，才获得了自我超越。每一个人，每一段路，在通往幸福的终点之前，都要经过几个名叫"痛苦"的路口。也许你不喜欢，也许你不情愿，但是它却是通往幸福终点的必经之路。

一座泥像孤苦伶仃地站在路边，经受着寒来暑往，风吹雨淋。它很想找一个可以躲避风雨的地方，可是它被牢牢地固定在大理石底座上，动弹不得。看到来来往往的人类，泥像别提有多羡慕了。它觉得做一个人真好，可以无忧无虑、自由自在地到处奔跑。强烈的渴念刺激着它成为人类的欲望。于是它决定抓住一切机会，向人类呼救。

一天，一位名叫圣约翰的智者经过此地。泥像用恳求的语调说道："智者，请让我变成人类吧！"

圣约翰看了一眼泥像，点了点头，然后挥一挥长长的衣袖。只见泥像瞬间变成了一个健硕的青年。顿时，泥像开心地蹦蹦跳跳。这时候，圣约翰又说道："你想要变成人类可以，但是你必须跟我试着走一下人生之路，如果你能够承受人生的痛苦，那么你就有做人的资格；如果你承受不了，那么我就立马将你还原成泥像。"青年点头答应。

随后，他跟着圣约翰来到一个悬崖边。悬崖的两端，由一根铁索桥连着，青年看了都觉得战战兢兢。然而，圣约翰带他来此的目的还不仅仅是看看这么简单。圣约翰说："现在请你从此岸走到彼岸。"说完，他长袖一拂，上了铁索桥。

青年担惊受怕极了，无奈，他只得哆哆嗦嗦地踩着一个个大小不同的链环的边缘前行。因为他太紧张了，也因为铁索桥太不稳固了，青年一不小心，跌入了一个链环里，顿时两腿悬空，胸部被链环卡得生疼，几乎透不过气来了。

连疼带吓，青年挥动着双臂，用尽全力大声求救："啊，好痛苦啊！快救命呀！"谁知，周围仅有的另外一个人——圣约翰，并没有赶紧施救，而是微笑着对他说："请君自救吧！在这条路上，能够救你的只有你自己。"

青年一听，心里除了担惊受怕之外，又多了一种情绪——懊悔。他开始后悔自己不该选择变成人这条路，还是做泥像好。可是现在已经到这个节骨眼上了，自己好歹得先保住性命啊。于是，他奋力扭动身躯，使劲儿挣扎，好不容易才从这痛苦之环中挣扎出来。青年禁不住发牢骚道："这是什么链环，居然把我卡得这么痛苦？"

"我是名利之环。"脚下的链环答道。青年重新踏上铁索桥，继续朝前走。忽然，恍惚间，一个绝色美女冲着他嫣然一笑，但很快便飘然离去，不见了踪影。光顾了看美女，青年不小心脚下一滑，又跌入一个环中，被链环死死卡住。可是四周一片寂静，没有一个人来救他。青年又有些绝望了。这时候，他听到远处再一次传来圣约翰的声音："在这条路上，没有人可以救你，只有你自己自救。"青年拼尽全力，总算从链环中挣扎了出来，然而他已累得精疲力竭，便坐在两个链环间小憩。

"刚才这个是什么痛苦之环呢？"青年想。

"我是美色之环。"脚下的链环答道。疲惫至极的青年经过一段时间的休息后，觉得重新恢复了体力，心里顿觉轻松畅快，他为自己能够先后从两个链环中挣扎出来而感到庆幸。迈着比刚才轻快的步子，青年继续向前。

然而，令他意想不到的是，他接着又掉进了一个又一个链环之中，它们分别是欲望之环、忌妒之环、仇恨之环……待他从一个个痛苦之环中挣扎出来，他已经彻底疲惫不堪了。抬头看看前面，还有很长一段路要走，可他已经没有力气，也没有勇气再继续前进。

他大声对远方的圣约翰说道："智者，我不想再走了，你还是带我回到原来的地方吧。"圣约翰来到他面前，问他说："人生虽然有许多痛苦，但也有战胜痛苦之后的欢乐和轻松，你难道真的愿意放弃人生吗？"圣约翰问道。

青年毫不犹豫地说："人生之路痛苦太多，欢乐和愉快太短暂、太少了，我决定放弃做人，还原为泥像。"圣约翰长袖一挥，青年又还原为一尊泥像。然而没过多久，一场暴雨袭来，泥像便被冲成了一堆烂泥。

在痛苦的折磨当中选择了转身，那么你所经受的苦痛都没有了意义，也许你已经站在了幸福的门外，只缺一点点坚持，只缺一步。但是没有了这一步的动力、一步的勇气，你就只能被幸福拒之门外。

我们的人生是一段很长的旅程，在我们还不够成熟，拥有不多的时候，我们就只能多吃些苦头，这些都是我们的"旅费"。我们要学会从苦痛中站起来，获得更大的动力，越过艰难险阻，让自己的人生熠熠生辉，开启属于自己的幸福之门。

人生如四季，没有盼不来的春天

浪漫主义派诗人雪莱说："冬天过去了，春天还会远吗?"的确是，大自然是非常奇妙的，它无时无刻不在运动当中，季节是轮回的，一切都会轮回，周而复始，生生不息。

没有什么是静止的，人生亦是如此。人生和大自然一样，总有一个季节的轮回，有些时候，我们运气好得就连做梦都会笑醒，可有些时候，我们也会被接连而至的苦痛折磨得身心俱损。

青春是张狂的，同时也是淡然的，人生无常，苦痛常在，这是不可破解的循环，只要我们还活着，就会有快乐，亦会有悲伤。但是要相信，没有什么过不去的坎儿，何况，我们还年轻。

她是一位普通的农村妇女，可她的人生却像一本厚重的书。

18 岁时，她结婚了。26 岁时，她赶上日本鬼子在农村进行大扫荡。为了生存，她带着两个女儿和一个儿子东躲西藏。村里很多人受不了这种暗无天日的折磨，想到了自尽，她得知后总是劝慰别人说："别这样啊，没有过不去的坎儿，日本鬼子不会永远这么猖狂的。"

　　终于，她盼到了日本鬼子被赶出中国的那天。可是她的儿子却在炮火连天的岁月里，因为缺吃少喝营养不良，最终夭折了。她的丈夫无法接受这个事实，一连在床上躺了几天。她心里也难过，但却流着眼泪说："咱们的命苦啊，可再苦也得过啊！儿子没了，咱们再生一个。"

　　过了两年，她又生了个儿子。可儿子刚出生不久，丈夫却因病去世了。这对她来说，真的是一个巨大的精神打击。很长时间，她都没回过神来，可最后还是挺过来了，她把三个未成年的孩子揽到自己怀里，说："别怕，娘还在呢，有娘在，谁也不敢欺负你们。"

　　她一个人拉扯着三个孩子，含辛茹苦，终于看到他们长大成人。两个女儿嫁人了，儿子也娶了媳妇，她逢人就乐呵呵地说："我说吧，人生没有过不去的坎儿，现在的生活多好呀！"

　　天意弄人，这个命运多舛的女人并没有得到上苍的眷顾。她在照看孙女的时候，不小心摔断了腿。因为年纪大了，做手术的风险太大，就一直没有动手术，只能躺在床上。儿女们都哭了，可她却说："哭什么，我还活着呢。"

行动不便的她，没有一丝抱怨，她坐在炕上，戴着一副老花镜，安安静静地织围巾、绣花、做点手工艺品，邻居们来串门，都说她的手艺好，还纷纷要跟她"拜师学艺"。

就这样，她一直活到了 87 岁。临终前，她只对儿女们说了一句话："我走了，你们要好好活，人生没有过不去的坎儿……"

就像这个女人说的一样，人生没有过不去的坎儿，只有过不去的人。当我们人生走入低谷的时候，这并不意味着我们的人生走到了尽头，一切还会重新开始。

其实，我们比自己想象的要坚强许多，不要总把自己想得那么脆弱。我们之所以会觉得绝望，是因为经历得太少，也正是因为这样，才有了绚丽的青春。对待任何事都不该那样悲观，人生的悲喜是注定存在的，没有永久的喜，自然也不会有永恒的悲，一切终究都会过去。

为什么不乐观地想一想，面前的低谷或许并没有我们想象中那样可怕，可怕的是我们陶醉在了这种痛苦里，渐渐习惯。当挫折和痛苦来临的时候，笑一笑吧，我们还年轻，我们正值青春，没有过不去的坎儿，没有等不到的人，一切都会过去，人生没有盼不到的春天。

学会释怀，世界因你精彩

在我们年轻的时候，有很多资本，比如健康的体魄，漫长的人生，以及良好的记忆。但是很多时候我们也会怨恨自己的记忆，因为很多事情都能记住，所以很多事情都难以释怀，想要选择遗忘并不是什么容易的事情，这个时候我们甚至会羡慕那些记忆不清明的老人们。

但是仔细想想，我们的不幸真的是记忆太好的过错吗？难道不是我们自己的问题吗？因为太过于纠结，不懂放手，不懂释怀，不懂转移视线，因此将自己困在难过苦痛当中，在痛苦中徘徊，找不到出口，时间久了，甚至找不到来时的路。

当我们成熟之后，再回首，就会发现，曾经崎岖的路上也有美丽的风景，只是当时我们没有去看，只是我们将视线定在了没有意义的事情上，白白浪费了我们的大好青春。但真到了这个时候，我们除了后悔之外已经没有什么其他的意义了。既然我们还有时间，还没有到该后悔的年纪，为什么不从现在开始呢？将痛苦放生，卸掉那些心灵的负担，释怀所受的伤，所有的悲，享受大好年华，看尽路途的大好风光。

熙蓁是一所艺术学校的声乐老师，有一个可爱的孩子和事业有成的丈夫。当然，这些都是 5 年前的事了。因为之后，熙蓁的幸福生活彻底改变了。在由于老公遭朋友出卖，公司落得资不抵债的下场，只得卖掉房子、汽车，过上了穷得叮当响的生活。

面对这样的巨变，熙蓁的丈夫秦浩接受不了如此的打击，每天借酒浇愁，用酒精来麻痹自己，日益变得消沉、颓废。与此同时，脾气也越来越坏，经常打骂妻子女儿。

迫于无奈，熙蓁带着女儿离开了他们共同生活了 4 年的家。因为要租房子，还要负担孩子的学费，时不时还要接济前夫秦浩。熙蓁除了正常的在学校里的教学任务，还承担了一部分兼职工作。

一开始，她无法适应这样的生活，没多久就生病住院了。但是熙蓁告诉自己：你已经不是那个阔太太了，现在你要做的是养家、养孩子。就这样，熙蓁慢慢地接受了现实，咬着牙坚持了下来。

两年后，有一天她在街上遇到了秦浩的一个朋友，了解了秦浩的现状。听朋友说，秦浩因为酗酒过度，现在身体状况很差，生活上也没人照顾。那一夜，熙蓁失眠了，她无数次地问自己：要不要回到秦浩身边？在两个礼拜的认真思考之后，熙蓁决定回去找秦浩。

当她再见秦浩的时候，发现自己曾经的老公看起来苍老了很多。不再是过去那个意气风发的青年了。再见时过境迁，都不复当年，但是两个人都互相牵挂、思念。那天他们聊了很久很久，到最后，熙蓁决定回到秦浩身边。而秦浩，知道自己的妻子愿意再次支持自己，照顾自己的时候，也有了前进的动力。

虽然他们的生活仍旧贫穷，但是他们终于有了家的感觉，也有了努力的目标。秦浩戒了酒，几年之后，他们的生活回归了正轨，虽然仍旧不富裕，但也有了一点点存款。他们已经很满足这种安定的日子，每天都过得很幸福。

伤痛是用来驱赶的，但是我们总是奋力地抓住它不知松手。何苦呢？抓住痛苦对于我们来说并没有什么意义，只是抓在手里，伤着自己，又没有解决方法。这个时候放手不好吗？不去想伤痛，将自己的视线转移到幸福的明天，这样我们仍旧有前进的动力，仍然有挑战挫折的勇气。

世界很精彩，我们不该将自己排除在外，懂得释怀，放掉手里的悲伤，放眼周围，总能找到让自己快乐的事情，总能看到自己生存的意义。不要管别人怎样，不要管人生的走向如何，只要记住，你的人生因你才精彩！

痛，说一次就复习一次

"我真傻，真的。"很多人对这句话耳熟能详，在鲁迅先生的小说《祝福》中，主人公祥林嫂丈夫去世，孩子被狼叼走，她逢人便要讲述自己的不幸，让别人知道"她真傻，真的"。

祥林嫂无疑是一个悲剧人物，她人生坎坷，遭遇了不幸。当然，这些不幸只是她的上半生，造成她后半生不幸的不是人生给予的磨难，而是她自己给自己加诸的。祥林嫂值得人们同情，因此在一开始有很多人同情她，但是到了后来她似乎进入梦魇一般，不断地口述自己的经历，也许她想博取人们的同情，也许她只是想要忘却，但无论是哪一种原因，她都用错了方法，使得人们对她反感，最终悲哀而孤独地死去。

每个人都有同情人，但这并不代表着你可以依靠别人的同情过一生。任何伤痛都应该有淡化的一天。但是，如果你不愿意遗忘，总是向别人展示你的伤痛，到最终你身边的人也会对你冷漠。

我们之所以难以遗忘痛苦，是因为那之中有着我们的记忆，是我们人生当中很重要的经历，但这并不是我们的军功章，没有必要时时刻刻记在心中，还要跟他人炫耀，否则只能徒增他人的反感。从我们自身来说，想要治疗伤痛最好的办法就是静养，之后选择遗忘，但如果我们时时刻刻提醒自己，那么痛苦也会时时刻刻折磨着我们，到最终我们甚至忘掉所有的快乐，和我们该保留的宝贵记忆。

从前有一个伤兵回到出生的村庄，他在战场上被敌人用子弹射伤，子弹已经取出，可是，他受到了很大打击，遇到一个人，就要剥开伤口，给对方看他的伤。老乡们争着告诉他保养伤口的方法，劝他尽快疗伤，忘记战场上的不快，可是，伤兵仍然继续给别人看自己的伤口。

有一天，伤兵的伤口感染，死在一个清晨。村民们怀着遗憾的心情埋葬他。山上的禅师听到这件事，对弟子们说："这个人会死，不是因为伤口，而是因为他不断伤害自己。"

　　总是重复一个动作，就会因习惯而产生麻木，但痛苦却不是如此，重复痛苦并不能缓解痛苦，只会让它一次一次深化。痛苦就像伤疤，重复一次就是重新感染一次。智者说出的话，总是一针见血，富有见地。饱经沧桑的人有两种，一种是风轻云淡，对过往的一切早已看透看破，不会刻意提起，就算提起，也不会再次沉溺下去，徒惹痛苦。这样的人爱护自己，知道灵魂既然已经受尽风吹雨淋，就为自己撑起一方安逸的天空，让那些伤痛浮云一样飘走，只留得心中的安宁。

　　另一种人就像故事中的伤兵，他们害怕别人不知道自己的伤口有多深，一定要让别人看到，同情，安慰。但是，那些安慰的话语从别人嘴里说出来很轻松，从自己的耳朵进入心里却很难。一次次地复习伤痛，只能让伤口不断感染，让疼痛日渐加深。他们的天空一直笼罩着凄风苦雨，不是别人不肯同情，是他们不给自己喘息的机会。

　　生活中谁都会遇见痛苦，把痛苦说一次，就是复习一次，直到这痛苦成为枷锁，把心灵牢牢锁住；或者滚雪球一样越来越大，把精神完全压垮。可是，重复痛苦究竟有什么益处？如果仅仅为了发泄，找不同的人，发泄相同的内容，日复一日地发泄，为什么不能使心中的抑郁有片刻的减少？不是因为痛苦不肯放过他们，而是因为他们自己不想放开。

每一颗心都会经历痛苦，把痛苦变作回忆，偶尔提起；变作动力，化悲愤为力量；变作经验，防止下一次失意，这些都是明智的做法。最怕的就是将它变成心中的毒瘤，阻碍其他正面情绪的成长，让心灵始终沉浸在阴影中，不见天日。每一份郁结的情绪都有解脱的可能，关键在于你愿不愿意。

聪明的人应该尽快告别痛苦，不论是找身边的人尽情倾诉，还是以忙碌暂时麻木自己，或者干脆另起炉灶，开辟一个新局面。告别痛苦的方法并不少，最简单的一种是去做你认为快乐的事，例如马上去打你最爱玩的网游，马上去淘精品店的衣服，马上订一张机票，去你一直想去的地方走走。生命说长也不长，大好时光不能用来痛苦，还是尽量找一些让自己心情愉悦的事，这才是聪明的活法。

痛苦无须回避，只需领会

我们的人生当中有痛苦，也有欢乐，这些都是我们一定会有的经历，也是再自然不过的事情。我们不会一直生活在痛苦当中，同样，我们也不能一直享受快乐。在我们乐而忘返的时候，痛苦就会作为磨炼出现在我们的生活当中。

怎样面对痛苦是人们思考良久的课题，也是永久的课题。人们都说"乐极生悲"，为了防止这样的落差，有的人压抑自己的快乐，只想痛苦别找上门来。但是当你压抑自己的时候，就已经深陷痛苦当中了。

确实，我们不该时时刻刻回忆痛苦，但是在痛苦来临的时候我们也不能刻意回避，装作没有事情一样将痛苦尘封。虽然表面上我们已经将痛苦处理掉了，但是它会看准我们心中的空隙，找准机会再伤害我们一次。

痛苦需要领悟，只有知道痛苦是什么，只有深入的剖析痛苦，我们才能真正地释然，做到真正地忘记。同样还能从中获得宝贵的人生经验，用于我们以后的生活当中。

一个国王生了一场大病，谁也不知道病因是什么，只知道他整日躲在自己的宫殿里，连朝臣都不愿意见一见。皇后担心国王，就请人去找万里之外最有名的高僧，希望他能够帮助国王。高僧风尘仆仆地赶到宫殿，立刻被迎入国王的房间。

国王也听说过这位高僧的名声，不敢怠慢，但也不愿多提自己的病。高僧说："我听说三个月以前，您在打猎的时候胳膊被划伤，现在您的身体如何？"

"我的胳膊已经好了。"国王说，"可是大上个月，敌国向王宫派了一个刺客，又让我受了一回惊吓。您是最有修为的高僧，能不能告诉我，世界上什么地方最安全？我觉得不论在外面，还是在自己的宫殿，没有一天有安全的感觉，这让我很害怕。"

"安全的地方只有一个。"高僧说："但我相信您不愿意去。"

"在哪里？"国王问。

"坟墓里。人只要死了，就不会再有人来危害你，你也不会再感到痛苦。我们用生命中的时间和精力换来保护自己的能力，取得安全和安逸，但也只能取得一部分，唯有用整个生命，才能换来最多的安全。"国王听后若有所思，几天后，他不治而愈。

没有人一辈子注定大灾大难不断，你不会白白受苦，总会得到某一种形式的补偿。失恋的人是痛苦的，但他得到过爱情，也会拥有最美好时刻的回忆；失败的人是痛苦的，但他拥有经验，就有了反败为胜的法宝；失望的人是不幸的，但他们至少经历过，而且也因为失望，更懂得希望与追求的可贵……

痛苦需要我们用心胸和智慧去领悟，唯有直面痛苦，我们才有勇气剖析痛苦，才能理智的收集有意义的经验，能够客观的审视自己。痛苦来时不要逃避，也不要忽视，当然，也没必要沉浸其中，学会换个角度看待它，那么它对我们的伤害就会降到最低，我们才能理解一些生命中最本质的东西。比如生病的时候，我们知道了健康的重要；难过的时候，我们知道了朋友的重要；困难的时候，我们知道了亲人的重要……痛苦给我们的最大启示，就是告诉我们什么是幸福。

没有人能够避开痛苦，所以，我们要看穿痛苦，最好也看穿幸福，这样一来，我们对人生的理解又会上升一个层次，我们才会走入另一个人生阶段，逐渐成熟起来。生活就是这样，走过了，试过了，才发现经历比什么都重要，包括结果。只要这样想，你就会把此时的痛苦，当作命运给予的教诲，它值得你一再解读。

只要你还在微笑，一切苦难都会绕行

俗话说得好："困难像弹簧，你弱它就强。"其实这句话还有一句，就是"你强它就弱"。世界上的很多东西都是此消彼长的，我们对困难示弱的时候，那么它们就会越来越猖狂，蔓延滋生，给予我们更多的痛楚。但是，如果我们以笑容面对它们，那苦难便不能带给我们任何的影响，它们也只能灰溜溜地离开。

苦难不会给予弱者同情，更不相信眼泪，它们只会屈服于强者的征服。或许跨过沟壑很难，但是勾一勾嘴角笑一笑有什么困难的呢？微笑就像是一种魔法，可以驱除眼前的苦痛，将坚强带到我们身边。

磨难面前我们要学会给自己打气，看到希望之光，这样痛苦就会减弱。

小唐是一个年轻向上的女孩，她美丽，朝气蓬勃，一切对于她来说都充满了希望。走在她身边的人似乎总能看到小唐的身上绽放着一种光芒。而小唐也因为这样吸引了很多男孩的目光。其中有一个男孩追她追得热烈，总是做出很多浪漫的事情，比如冬天的早上买早点等在她的宿舍楼下，经常给她一些惊喜。在"糖衣炮弹"的攻击之下，小唐成为了爱情的俘虏。

两个人在一起是甜蜜的，小唐的朋友总说小唐变得越来越漂亮了。转眼毕业的时间到来了，大家面临着分别，很多情侣也面临着两地相隔，有的尝试远距离恋爱，有的选择了分手。小唐是幸福的，因为她的男朋友选择和她去同一个城市。

当然，生活当中只有爱情远远不够，两个人为了自己的未来努力找工作。彼此进入了不同的公司。小唐性格开朗，工作认真负责，很快就加薪升职；相比之下，她的男友工作不是很顺利，两个人之间的落差越来越大，终于她的男朋友接受不了"女强男弱"和小唐分手了。

这对小唐来说是个非常大的打击，她终日愁眉不展，工作也频频出问题。这让小唐觉得人生没有了希望，什么痛苦都要找上门，明明她都这么惨了。越是心情不好，境遇越不好，有一天小唐照镜子发现自己竟然像一个几十岁的妇女一样！深深的眼带，蜡黄的肤色，有些混沌的眼睛，她都快不认识自己了。

小唐沉浸在自己的悲伤中，觉得人生失去了意义。有一天，她正在公司工作的时候，突然感到了地动山摇，这时不知是谁大喊了一声"地震了"，人们才反应过来往外跑。小唐运气不够好，在逃生的时候被掉落下来的水泥压住了腿。钻心的痛楚袭来，但是小唐无暇顾及，因为她不能晕过去，也不能睡着，要等待救援。

也是在这个时候，小唐才意识到自己有多么想要活下去。地震过后，小唐获救了，但她永远地失去了左腿。但是让人想不到的是，小唐变回了原来的样子，微笑待人。当她的朋友为她的改变感到惊叹的时候，小唐对朋友说："在我被水泥压住的时候我发现了，在我的求生欲面前，疼痛根本就微不足道，我想人生应该就是这样吧，只要看到希望，我就能微笑，任何苦难都没有办法伤害到我了。"

在痛苦当中，我们需要将这种感觉转化，不去关注它，而是将我们的实现放到希望之上，当我们从痛苦当中找到希望的种子时，喜悦会充斥我们的心，我们的嘴角会不自觉地上扬，这时一切苦难都会变得微不足道。

小唐就是领悟到了这个真谛，所以才能笑对残缺的躯体，过圆满的人生。微笑是最简单的身体语言，但也是最有力的语言，记住，不论遇到怎样的困难，只要我们笑面相迎，最终就能战胜悲痛，战胜一切。

既然人生总会有苦难，那么我们就学会将痛苦转化成微笑吧，微笑是我们这个年龄该有的表情，也是青春最美的妆容。

不经历煎熬，怎能化茧成蝶

痛苦让人委屈，但从古到今，无数名言俗语都曾歌颂过痛苦，比如"在任何情况下，遭受的痛苦越深，随之而来的喜悦也就越大"、"极度的痛苦才是精神的最后解放者，唯有此种痛苦，才强迫我们大彻大悟"。这些话都间接说明了，痛苦是生命中的宝贵财富。不过，别人的经历永远都是别人的，如果你不曾经历过痛苦煎熬，或许永远无法明白那些话的真正含义。

化茧成蝶的过程我们都不陌生，如果没有经历过蜕变的痛苦，那么蝴蝶就不能展翅而飞。蜕变是它必经的一个成长过程，在这个过程当中，它或许会经历难以忍受的痛楚，但在那之后，它也能看到最美的自己。

没有经历痛苦的磨砺，我们无法获得新生。就像凤凰浴火重生一般，眼光放得长远一些，我们才能吞下眼前的苦楚。

美国心理卫生专家指出："有十分幸福童年的人常有不幸的成年。"中国有一句谚语："穷人的孩子早当家。"两句话其实有异曲同工之妙。都透露出这样一个道理：经历过煎熬才能有所建树，吃不了苦只能被优胜劣汰的生活打败。

人类总是理所当然地认为自己比动物聪明，但是动物生存的智慧，却常常值得我们人类学习，比如长颈鹿。

长颈鹿胎儿从母亲体内掉落到地面上以后，它的妈妈不会像其他动物那样，立即舔净它身上的羊水或其他东西，而是低头仔细弄清楚它掉落的位置。大约一分钟后，长颈鹿妈妈会做出一件让人意想不到的事情，就是抬起壮实的长腿，踢向自己的孩子，让它在翻了一个跟斗后，将四肢摊开。如果小长颈鹿不能站起身，长颈鹿妈妈会不断重复这个粗暴的动作。

为了不再挨打，小长颈鹿会努力着站起来，但毕竟是新生儿，它会因为力气不够而停止努力。此时，长颈鹿妈妈会毫不留情地再次踢向它，迫使它继续努力，直到他终于颤动着双腿站起身来。然而，在这个时候，长颈鹿妈妈会再次做出惊人之举——又一次把小长颈鹿踢倒！

为什么长颈鹿妈妈会对自己的孩子做出如此残忍的事情呢？原因就在于，它爱自己的孩子，它要让小长颈鹿记住自己是怎么站起来的。在危机四伏的荒野中，狮子、猎豹、土狼等食肉动物都喜欢猎食小长颈鹿，小长颈鹿只有学会以最快的速度站起来，才能避免自己与鹿群脱离，才能保证不让自己成为"猎手"们的囊中之物。

长颈鹿妈妈的残酷行为，恰恰是对孩子的保护，如果它不"残忍"，小长颈鹿就不能很快地站起来，站不起来，等待它的就可能是灭顶之灾。

以上片段是《动物园观察》中的一段描绘，小长颈鹿一出生就被妈妈踢打，是件很委屈、很痛苦的事，但若不经历这种委屈和痛苦，就无法在大自然中生存。这段文字告诉我们，经历过煎熬才能让自己成长，一直处于安逸的生活中会让我们在挑战来临时快速地被打败。

青松受尽风吹雨打，最后茁壮生长于苍山之上，温室里的花朵灼灼其华，却因为被保护太好而异常娇嫩柔弱，它们一旦失去良好的生存环境，就会迅速枯萎、凋零。所以，我们要主动去经历煎熬，让痛苦和委屈成为帮助自己蜕变的动力。

即使我们长着最苦的叶子，也要开出最香的花

你只看到了玫瑰的娇艳，却忽视了它浑身是刺的寂寞；你只闻到了丁香的芬芳，却不晓得它的叶子苦涩得吓人。每个人的生命都有不同的轨迹，但总的来说都是平等的人生，怎样走完是个人的决定。

我们希望一切都能够顺顺利利，向着好的方向发展。事实上人生的大方向也是这样，只不过我们人生是由无数的抛物线组成，当到达一个顶端的时候，就会走下坡路，为的是给下一个阶段积攒能量，好走向更高的巅峰。

我们习惯于看别人的成功，别人的风光无限，而看自己时多数都是消极的一面，眼前的困境、过往的苦痛，等等。但是在别人光鲜亮丽的表面之下，经历了怎样的磨难恐怕只有本人了解。我们也是一样，眼前的磨难可以结束我们的人生吗？代表着我们人生的终结吗？如若不是，那么我们为什么不能开出芬芳的花朵？要知道，叶子是花的一部分，没有叶子苦涩的养料，花儿是开不出沁人心脾的花朵。

造物主是公平的，他给予了你多少，就会要你付出多大的代价。同样地，预先降临的灾难、苦痛，是给予你灿烂未来的前提。你一生会有多少苦痛是固定的，就像《西游记》当中师徒四人的取经路一样，九九八十一难是注定的，少一个都不行，同样，一个也不会多。只有历经艰辛的人才知道甜是什么滋味，才有资格感受成功。在苦痛面前有什么不能释然的？想想未来的辉煌，眼前的苦痛就算不了什么了。

从前在山上有一个木屋，在木屋当中有一个先生，还有几名学生。其中的一名学生被亲生父母抛弃了，因为父亲欠债，他的父母连夜逃跑，将他一个人丢下了。先生收养了他，他和先生住在一起。

每到放学的时候，看着自己的伙伴们被父母接走，这个学生的心中就充满了不平。他不止一次向先生诉苦、抱怨，他说："为什么上天对我偏偏这么不公平？我没有做什么坏事，而我的父母竟然抛弃了我！我从来没有不听话，也没有在他们面前任性过，但他们竟然不要我了。为什么这种事情要降临在我身上？为什么我朋友的父母那么爱他们，我就应该有这样的遭遇呢？先生，我快到极限了，被抛弃的痛苦时时刻刻萦绕在我心中，我都快窒息了。求求你告诉我，我要怎么做？"

看着自己的学生越陷越深，先生终于给了他一个答案。

他从厨房拿来一罐糖和一罐盐，然后让自己的学生拿来了两杯水。他让学生含了一口糖，之后又在一杯水中放入了一些糖，他让自己的学生喝糖水，问学生什么味道，学生答道："淡而无味。"过了一会儿，他又让学生喝了一口糖水，问学生什么味道，学生答："非常甜。"

先生笑了笑，将一小罐盐全部放到了一杯水中，让学生尝一口，没等先生问，学生就愁眉苦脸地抱怨道："又咸又涩，还很苦。"先生抚了抚胡须，带着学生下山了。他们走过一片湖水的时候，他让自己的学生赏赏湖水的味道，学生现在嘴里还是苦涩异常，喝了一口湖水，顿觉清凉。

先生告诉学生："你刚刚经历的这些和你的人生是一样的。盐和糖的数量是固定的，在于是一时给你，还是慢慢地给你。人生也是一样，幸福和苦难的量是固定的，如果你现在觉得痛苦异常，那么你可能用一杯水溶解了所有的盐，那么你未来的人生就会向好的方向发展了。你如果这样想，眼前的痛苦也就不算什么了。"

就像先生所说的那样，我们的未来虽然是未知的，但有的痛苦是固定的，我们可以一杯水尝尽所有的苦，也可以将苦痛融入到整片湖水当中。在痛苦来临的时候，我们要懂得稀释。就像盐中含有对我们有益的钠一样，痛苦中可以吸收养料，让我们的未来开出绚丽的花。

有些事，没你想得那么严重

当不幸驾临，我们的心会感到痛苦与忧伤，我们的生活会陷入冰冷中。然而，不管命运让我们受怎样的折磨，我们都应该用理智的思想来看待它。

然而，有些人总爱站在墙角看问题，在遭遇不幸时，总觉得自己这一辈子都完了，再也不能拥有幸福了。而一直这么想，就会让自己走进一个阴暗的死胡同，或者陷入无止境的悲伤中。其实，有的时候，事情并没有我们想象得那样严重。只是我们不知转向，所以钻了牛角尖，而且越陷越深。

佛家有云："今日的执着，终会造就明日的后悔。"过于执着于委屈，我们的内心就无法得到平静，也无法获得快乐。而站在"墙角"看问题，就很容易让我们执着于错误的事情，会让我们的痛苦越积越多。当痛苦沉重到一定程度，我们的生命就很可能负担不起。

如果我们能放下心中执念，走出低矮遮住我们目光的墙角，不再纠结于委屈或者错误的事情，我们就会发现事情还有很多种解决方法。在遇到不幸时，不要急着抱怨老天对自己不公平，先想一想，事情到底有没有自己想得那么糟糕，你有没有把自己的心局限起来。

一个城里的孩子去乡下体验生活，用自己全部的钱——100美元，从一个农民那里买了一头驴。这个农民接过钱，同意第二天把驴牵给他，但是当第二天男孩来找农民时，就被告知驴子死了，钱也花光没法退了。

男孩凝神想了想，就让农民把那头死驴给了他。几天后，农民遇到了男孩，问他是如何处置死驴的。男孩说："我在热闹的市集上举办了一场幸运抽奖活动，奖品就是那头驴，我卖出了500张彩票，每张2美元。"

"难道没有人对奖品不满吗？"农民疑惑地问。

"有啊，就是中奖的那个人，所以我将他的2美元还给了他。"

多年后，长大的男孩成了一家大公司的总裁。

在这个故事中，男孩花100美元买了一头死驴，或许没有比这更倒霉的了。如果是我们，十有八九会和农夫大吵一架。可是吵架应该也没有什么意义，毕竟驴活不过来，农民也还不出钱来，只能让我们的心情更加糟糕。只不过是100美元而已，损失一些身外之物实在没有必要寻死觅活，给自己找不痛快就更是得不偿失了。

男孩打破了常规，不去回顾那 100 美元，而是站在更远更高的位置上，想出了一个全新的能扭转形势的办法。

死缠着问题不肯放，并不一定能够解决问题，走到死路就要知道回头。面前的痛苦算什么呢？我们的生命很长，我们未来的快乐还很多。如果我们能多想想快乐的事情，多想想以后多彩的人生，痛苦就会慢慢减淡，直至不再对我们的生活造成任何影响。

让我们回首一下自己走过的路，有没有曾为一些小小的不顺而整夜睡不着觉，有没有因为别人的斥责耿耿于怀很多年。重新再看，你也许会想：那些曾让我们觉得无比委屈的事，其实根本不值一提。

是的，没有什么事情是无法过去的，再委屈、再不幸也只是生命轨迹中的一个过程，只要走出束缚我们心情的墙角，把心灵放大，眼前的一切不快都会成为永远的过去。如果太过于计较眼前的一些委屈，那样只会缩小我们的内心，让我们永远也走不出去。当我们向前看之后，就会发现我们的人生还有很多美丽的景色。

再阴郁的生命也会遇到春天

谁不爱温室中优雅的百合？清新芬芳，美丽淡雅。但是每种花都有别样的美，罗大佑有一首歌叫作《野百合也有春天》。我们的人生之路很漫长，正所谓"风水轮流转"，即便眼下的境遇不太好，但不可能一辈子都厄运缠身，再阴郁的生命也会遇到春天。

每天都有昼夜之分，没有永恒的白昼，自然也没有无尽的黑夜。我们之所以在困境中挣扎，觉得痛苦，是因为我们只看见了自己的黑夜和别人的白昼。而我们一马平川的时候，总是想不到厄运的降临。

布里奇是一个美国人，他的父亲是汽车推销商，家境还算不错。在一个良好的环境当中，他健康地成长，活泼开朗的他喜欢很多运动，也是长辈眼中的好孩子，老师眼中的好学生。在他长大后，他成为了一名士兵。他的成长之路没有阻碍，但有一天，厄运降临了。

在一次军事行动当中，他受委派驻守一个山头。战况很激烈，在双方对峙的时候，有一枚炸弹进入了他们的阵地。布里奇用最快的反应扑向了炸弹，想要将炸弹扔开。然而他终究不是时间的对手，在他扑向炸弹的那一刻炸弹爆炸了，他受了重伤，失去了知觉。当他醒来后，整个世界都变了样子。

虽然他还看得见，但这也是很残酷的，因为他看到了自己残缺的身体——右腿和右手已经离开了他。他没有叫嚷，因为他失去了叫嚷的能力，他的喉咙都被弹片穿透了。唯一值得庆幸的是，他活了下来，生命还在。

在多年之后，布里奇才告诉别人，当他面临死亡的威胁时，他反复地在心里告诉自己："如果你懂得苦难磨炼出坚韧，坚韧孕育出骨气，骨气萌发不懈的希望，那么苦难会最终给你带来幸福。"就是靠着这样的信念，他逃脱了死神的魔爪，并在之后振作了起来。

布里奇没有绝望，他虽然无法自由行动，但是他凭借自己的头脑和思想开始了新的人生——他进入了政界。从政后的他首先进入了州议会，之后竞选副州长。但并没有成功。对于普通人来说，这无疑是又一次沉重的打击，但他仍然坚信着春天会降临。并开始学习驾驶。身体残缺的他靠着自己的毅力驾驶着特制的汽车，并以自身的经历展开了支持退伍军人的活动。

34 岁的大好年华，他成为了美国复员军人委员会的负责人，在历任负责人当中，他是最年轻的一个。当他从委员会负责人的岗位离开之后，他回到了家乡，没多久，就成为了他家乡州议会的部长。

他的传奇故事激励了一代又一代的美国人，他以自己的经历告诉世人，没有永恒的灾难，也没有永远的伤痛，命运不会一直压制你，总有一天幸福会向你招手。布里奇虽然身体残缺，但是他的生活仍旧过得有滋有味，他可以坐着轮椅打篮球，这丝毫不影响他投篮的准确度。当上帝关上一扇门的时候，你还有一扇窗。

天气总是时好时坏，这是正常的，不过就算是连雨天，也有放晴的一天。虽然天气不够好的时候我们寸步难行，但是我们可以为晴天出游制订计划。生命不会一直阴雨连绵，我们应该时刻准备迎接生命的下一次挑战，人生的意义不正在于此吗？

淡然一点，看开一点，春天可以为我们带来活力，而生命的低谷则可以为我们带来勇气。厚积薄发是这个阶段我们应该做的事情。要相信，再阴郁的生命也会迎来万物更生的春天，当我们看到了未来，眼前的痛就只是一种考验，微不足道。

第五辑

爱，要学习

　　再轰轰烈烈的爱情，也会在岁月的洗礼中让激情慢慢沉淀，剩下的唯有平淡无奇的日子。

绝不做爱情的影子

如果将人生的不同阶段用书来比喻，30~40岁的人生若是一本畅销书，那么二十几岁的青春就是一本日记。因为这个阶段有着太多无从分享的秘密。

青春没有婚姻，有的只是懵懂的爱情。当我们处于人生另一阶段的入口时，面临的将是翻天覆地的变化。周围的环境不同了，工作的压力，社会的现实，让我们本能地想要躲避。因为已经成人，所以无法回到父母的怀抱当中寻求庇护，伴侣就成为了理想的港湾。

但是当我们一味沉溺其中的时候，得到的又会是什么呢？

她曾是众人眼中的焦点，美丽、睿智，是师长眼中的尖子生。然而，高考的失利让她最终与理想的学校失之交臂。第二志愿的学校也非常优秀，她的同学有很多人都去了那里。她不能面对朋友们的窥探，所以选择了远走他乡，去了一个陌生的城市上学。

为了证明自己的能力，她赌气去了一所自考学校，希望一切能够重新开始。在新学校她不说话，只是努力地学习。但渐渐地，她发现她所处的环境已经变了，她的生活当中不仅只有学习。她的舍友一个个的都找了男朋友，而她自己则形单影只，没有朋友，没有爱情，她内心的苦闷和失落无处倾诉。她只能在网上发表一些残章断句，来发泄自己无处抒发的情绪。

偶然的一次机会，她认识了一个不错的男孩子。他们是通过论坛认识的，就这样，他们开始了所谓的网恋。她从未有过这种感觉，一切都可以分享，失落、难过的时候也有人来安慰……她渐渐沉溺其中。

终于，两个人约定见面，之后的交往非常顺利而理所当然。为了他，她付出了自己的一切。在她的眼中，世界就等于他的代名词。当叛逆的他提出退学，去另一个城市打拼的时候，她决定放弃所有，全心支持他。

但原本浪漫的流浪只是理想当中的，现实的一切都告诉她自己的选择有多么失败。在陌生的城市当中，刚开始两个人相依相偎很幸福。但渐渐地，他闯出了一小片天地，而她，除了在家料理他的饮食起居外，无所事事，连一个朋友也没有。渐渐地，他被外面的莺歌燕舞所迷

第五辑 爱，要学习
159

惑，最终离开了她。

当她意识到自己已经没有退路的时候，什么都已经晚了……

一首歌当中有这样一句歌词："青春如同奔流的江河，一去不回来不及道别。"人生不过短短几十年，在这几十年当中，青春更是转瞬即逝。当我们沉溺于各种版本的浪漫童话中时，时光的脚步已经将我们带离青春了。

迷茫、寂寞和青春如影随形，在这个阶段当中，感情似乎是我们最终的归属。然而，当我们急于贡献自己不多的青春之后，能够得到的是什么呢？青春或许像童话，也或许像黑色幽默，无论是哪一种，最终自己都会悼念，曾经的他或她也会变成别人的他和她。过往的那个人，也不过是青春的残影而已。

青春，理应绽放，理应挥霍，但一定要做自己的主角，何必卑微地躲在爱情后面，当一个影子？青春就要自己做主，勇敢地追求梦想，即便被嘲笑；大胆地爱一个人，即便没有结果。无论做什么，都要知道，这不过是我们人生当中的一个过程，并非全部。

淡然地面对青春吧，即便它不够完美，即便它让我们伤心难过，但也是我们不可重来的美好时光。

爱情是相互的，有些人你永远不必等

在情窦初开的年纪当中，我们总会为了一个人笑，为了一个人哭，在我们不懂爱情的深沉的时候，会将习惯和一时的好感当作爱情。因为不懂爱，所以不知该如何去爱。因为不知道要怎样爱，所以在伤害了自己的时候仍然不知回头。当我们成熟之后会发现，曾经的自己傻到让自己心疼。

对于陷在爱情当中的人来说，可以放弃自己的一切来守护爱情，认为爱情是自己人生最终的意义。但自己心中神往的终点真的到此为止了吗？眼前的人真的是和自己共度一生的良人吗？

一匹野马驰骋在苍茫的草原上，看上去无比自由和快乐；不远处，一个牧人望着那匹野马，他发自内心地想要征服它。终于有一天，牧人想办法套住了野马，他非常兴奋，如获至宝；而被绳索套住的野马却无比悲伤，因为它丧失了自由。

得到野马，牧人百般呵护，但野马始终向往着草原和自由。每天，野马的眼神中都充满了忧郁，牧人看着很是心疼，但若让它离开，却又心有不甘。慢慢地，野马的性情发生了变化，它不再忧郁，而是变得狂躁无比。没有人敢靠近它，牧人也一样，他知道野马心中充满了愤怒和绝望。

终于有一天，野马安静了，它变得平和与安详，并慢慢地走进牧人。牧人以为野马被自己感动了，他便为野马套上准备已久的辔头，戴上精美的马鞍。野马没有任何反抗，任凭牧人"摆布"。

牧人第一次骑到了野马身上，野马在一声长长的嘶叫声中带着牧人向悬崖边奔去……

其实，爱情当中两个人的关系又何尝不是这样的呢？当你爱一个人爱到失去理智的时候，什么都甘愿去为对方做，但是你眼中的付出真的是对方想要的吗？爱情是美好的，不要以爱情的名义伤害对方，同时也伤了自己，让自己再也没有爱的勇气，沉在爱情的伤痛中久久不愿醒来，最终被遗忘在时间的角落里。

爱情是相互的，单方面的付出不算是爱情。在一场爱情的游戏当中，两个人就像坐在跷跷板的两边，只要一个人不配合，无论你如何做单方面的努力，都无法完成。在这种时候，与其伤心，为什么不选择另一个愿意配合你的人呢？

都说缘分是上天注定的，不要看到一个你爱的人就以为那就是你的良人，即便你努力付出人家也不愿意回应。到这个时候你要学会放弃，因为你的人生等待的是你的良人，能陪你走完后半生的另一半，而不是一个永远等不到的影子。

为爱情付出是一种勇气，也让人感动，但是这样的感情并不完美。不能相爱，无从相守，不能相爱相守的爱情，又算是什么爱情呢？你的人生还很长，不要误以为你眼前的就一定是你的爱情，当你的付出得不到回应的时候你要知道，你的爱人或许在下一个路口。在你遇见对的人之前，不要着急，对于不愿给你回应的人，要学会向前走，这样的人永远不必等。否则只是浪费了自己的大好年华。

等待千年，不如拥有现在

艺术虽然高于生活，但也源于生活，之所以人们有所感触，因为很多人都经历过这样的阶段，错过，是感情当中最大的遗憾。

当爱情敲门的时候，不要思虑太多，只要你也同样有感觉，那么勇敢去爱就好了。现实当中的感情并不是戏剧，不要等错过的时候才后悔自己对感情过于冷淡。爱情最美好的地方在于眼前的我们是最幸福的，因此，不要梦幻地渴望千年之恋，轮回因果上天早已有安排，把握好今生的幸福就够了。

一天，佛祖在一座寺庙发现了一只修行千年并有了灵性的蜘蛛。佛祖对蜘蛛说："相见即是缘。我问你一个问题，世间最珍贵的东西是什么？"蜘蛛想了想说："应当是'得不到'和'已失去'。"佛祖点了点头，离开了。

又过了一千年，佛祖再次与蜘蛛相遇，他又问了同样的问题，但得到的答案依旧是"得不到和已失去"。

　　转眼间，一千年又过去了。有一天，一滴甘露被风吹到蜘蛛网上，蜘蛛很开心，它觉得这是三千年来最开心的一天。可是，一阵风来了，又把甘露吹走了，蜘蛛怅然若失。这时，佛祖出现了，他又问蜘蛛世间最珍贵的东西是什么？蜘蛛的回答还是一样。佛祖看到蜘蛛如此固执，便说："既然如此，我就让你到人世间去看看。"

　　于是，蜘蛛便化为一个名叫丽珠的女子，她是王爷家的千金。后来，丽珠爱上了状元郎陆公子，但陆公子却与凤儿公主订婚了。丽珠心痛万分，终日郁郁寡欢，不吃不喝。在她生命垂危的那一刻，太子出现在她面前，说："如果你死了，我也陪你一起死。"说完，就准备自刎。

　　这时候，佛祖出现了。佛祖对丽珠说："现在你知道了吗？前生，那一滴甘露是风给的，它最后也是被风带走的，你不过是它生命中的过客罢了！寺庙门前的那棵草，爱慕了你三千年，你却从未注意过它。今生，陆公子是属于凤儿公主的，你们注定无缘；太子一直爱慕你，可你却从来都没有在意。这个世界上最珍贵的不是'得不到'和'已失去'，而是把握现在的幸福。"

　　虽然爱情需要耐心等待，但是不要忘了，我们的人生是不断前进的，在前进的过程当中，我们的生命也在慢慢消逝。不要遥望千年之后的缘分，因为我们今生的命运只设计了不足百年的剧本。把握眼前的幸福才是人生的意义。

没有人会在原地等你，所以你没有太多后悔的机会，该把握就把握。我们的一生当中会遇到很多人，错过了或许是缘分不够，不要总沉浸在过去的感情当中走不出来。也不要总是放眼未来，也许你眼前的人就是你的未来。

不仅仅爱情如此，友情和亲情也是一样，我们的人生也不过几十年，不要辜负了真心爱我们的人，有今生不要想来世，千年的等待也抵不上拥有现在。

幸福不是等你有钱了才会来

不知道有多少人讨论过有关幸福的问题，幸福到底是什么？其实幸福不过是一种感觉，你没有资格评说别人的幸福，他人同样也没权利对你的幸福说三道四。很多人习惯于将幸福和钱画等号，但真的有了钱我们才配得到幸福吗？

在物欲横流的时代当中，好像你不去争取物质，就会被幸福遗忘一般，因为深信"贫贱夫妻百事哀"，所以不愿轻易交付自己的真心。感情需要回应，不要因为等待物质而消磨了感情。很多人为了结婚，攒钱买车、买房，因为年轻没有积攒，所以受尽苦头。爱情的浪漫也贡献给了现实和物质。

回想一下，结婚真的需要这么多的附加品吗？两个人在一起是为了感情还是为了物质呢？有了物质的阻挡，爱情也无法纯真了。现实当中因为物质一拍两散的爱侣也不在少数。其实，两个人在一起没那么复杂。在父母那一代，他们结婚的时候一无所有，没有房子，没有存款，但是现在的他们依旧甜蜜，因为他们经历了很多，吃过苦，所以更能感受幸福。没有苦难考验的爱情是没有立足点的，最终会像一场梦一般破灭。

不只有爱情，感情两个字就是应该和物质划分开的，不能画等号。比如你交友，为的是找一个可以和自己分享快乐、苦痛的人。可以说到一起的人，而不是看他有多少钱，有什么背景。那和你们之间的友谊无关。亲情也是一样，亲戚之间是血缘关系，人们之间走动是为了家庭的幸福，而不是看哪个亲戚对自己有帮助。

当人与人的交往之中掺杂了物欲，那么你们之间的关系就是脆弱的，因为不够单纯，因为有太多的心计。何必呢？我们为什么要这么市侩？

既然是单纯的年龄，那么就单纯地去爱，单纯地去恨。单纯地感受幸福，单纯地体会生活。不要让金钱污染了自己的未来，学会在平淡当中寻找幸福的味道。

在落泪之前转身离去

一个小女孩把手伸进了花瓶里。花瓶是自上而下越来越宽的那一种，她的手很容易就伸进去，可现在怎么也拔不出来。小女孩吓得哭了，母亲用了各种办法就是没能把她的手拉出来。只要母亲一用力，孩子就会哭。无奈之下，母亲只得将那个价值连城的古董花瓶打碎。

花瓶碎了，母亲让女儿把手伸给她看，有没有受伤。孩子的手完好无伤，可她依然紧紧地握住拳头，就像是无法张开一样。母亲担心女儿的手抽筋，焦急地让她伸开手。情急之下，小女孩开口说话了："我没有抽筋。"

孩子慢慢地张开了拳头，原来她的手心里有个一元的硬币。她的手之所以会卡在花瓶口，就是因为她舍不得这枚硬币。

孩子的手拉不出来，并不是花瓶的口太窄，而是她为了一枚硬币不肯放手。就为了这区区的一元钱，母亲忍痛打碎了一个价值连城的古董花瓶。孩子当然不会理解妈妈的心情，也不会为此感到后悔，因为在她的心里，一元钱就是整个世界。

有时我们也会和这个小女孩一样，犯下这种错误。尤其是在感情面前。在感情面前我们总是难以自控，容易失去理智，仅仅地抓着手中的一块钱哭泣，无论怎样努力都不肯放手，认为自己握住了全世界，直到最后坚持不住，毁掉一切只为了保留手中的"一块钱"。

但是当我们醒悟过来之后，不会为自己的执拗后悔吗？为了"一块钱"而付出了自己的一切，最终的我们只能在哀怨当中过日子。为什么我们的醒悟不能早一点呢？在落泪之前撒手不好吗？

我们习惯将自己放在囚笼当中过日子，即便伤心难过，囚笼的钥匙就在手中，也想不起将自己放生。这个时候你所抓的钥匙只是你心里的一根救命稻草，但并没有什么实际的意义，为什么不懂得用它换取自己的幸福和自由呢？

人生有很多难以预料的事情发生，有时我们的爱人、我们信任的朋友也有可能伤害我们、背叛我们。如果他们选择这样做了，那么我们能够怎样呢？哭着质疑他们为什么要这样对自己吗？如果事情到了这个地步，质疑只是无用功，为什么要把自己的伤悲和苦痛展现给那些伤害自己的人呢？谁会在乎呢？

如果他们真心伤害了我们，那么我们就要努力过得更好，在苦痛中开出一朵绚丽的花，让那些伤害我们的人知道，无论他们怎样伤害我们，我们的人生一样可以过得很辉煌。不要用别人的错误惩罚自己，我们受了伤，理应获得更多的幸福。

不要执着于他人的伤害，这样只会让自己越陷越深，学着放手，在落泪之前放掉手中扎手的沙，向幸福看齐吧！

爱是彼此的城堡，每个人都需要呼吸的空间

真正的爱情是经得起时间消磨的，同时也是需要两个人经营的。对于年轻人来说，自己的爱侣和父母不同。他们是"半路杀出的程咬金"，没有参与过自己的童年，和自己组成一个家庭之后与父母在一起生活时的感觉完全不同。两个人或许会感到很新鲜。

但是时间久了，两个人会发现双方之间的距离越来越远。两个人是从相爱开始的，但是慢慢地爱情在变淡，这让两个人感到恐惧。当然，这种感觉是人到中年才会有的。在青春年少的时候，爱情应该是浓烈的。但是浓烈的感情能支持多久呢？不如爱得淡一点，爱得久一点，不要急于一时的付出。

两个人会因为相爱在一起，分手或许因为不爱了，爱变淡了。在我们质疑爱情的时候，有没有反思一下自己呢？是不是因为两个人靠得太近，让爱情窒息了呢？其实爱情中的

两个人就像是两只相拥的刺猬。想要尽可能地靠近取暖，但离得太近难免会彼此伤害，最终遍体鳞伤，不得不放手。

在爱情的旅途中，到底两个人该怎样相扶相携才能走得远呢？爱是需要距离的，恋人之间不可能时刻都亲密无间，否则爱情之花就会凋谢。只可惜，我们总是后知后觉，很多道理都要等到受伤后才会明白，可是那样是不是有点太迟了？

梦佳很爱她的男友达达，为了达达她放弃了出国的机会，因为她担心距离会把他们分开。上班的时候，她每天都要达达挂上 QQ，自己在公司里的大事小事她总是第一时间给达达"播报"；下班后，她总会到达达的单位门口等他，两人一起吃晚饭，每天分别的时候都恋恋不舍。别人都看得出梦佳对达达的爱，可是达达心里却有说不出的苦。

达达总是对朋友说："我们不在一起的时候，我确实很想她。可是在一起的时候，我却有点烦她。也不是我的要求太高，我只不过渴望有点自己的空间。周末我想去打打球，可梦佳总是拉着我去逛商场；晚上下班我想和朋友们侃侃大山，出去喝点酒，可她却要跟着，一会儿不让我做这，一会儿又不让我做那，真是烦死了！"

梦佳的好友知道达达的心理活动后，暗示过梦佳：给男人一点空间。可梦佳却觉得自己渴望和达达时时刻刻在一起没有错，毕竟她也是因为爱达达才这样做。不过，她的爱太沉重了，达达终于不堪重负向梦佳提出了分手，理由很简单，只有一首诗：生命诚可贵，爱情价更高。若为自由故，两者皆可抛！达达告诉梦佳，在爱情和自由面前，他更想要自由。

达达和梦佳分手的时候，看得出他也很难过。梦佳更是哭得一塌糊涂，她不知道自己到底做错了什么，苦苦央求着达达不要离开她……

当爱情成为一种负担的时候，甜蜜早就不知踪影了，只能让人喘不过气来。人们理想的爱情是因为认识了他 / 她而看到了全世界，而不是全世界只剩下彼此。爱情应该是生活的调味剂，让你的生活更加美好，而不应该是生活的唯一，这样的生活太过沉重了，没有人能够忍受一生。爱，需要自由。

如果你爱上一个人，请给他一点独立的空间和隐私的自由吧！让爱像风筝一样在天空中飞翔，只要你握紧了手中的线，在需要时把他拉回来，让他靠近你，这份爱就不会跑掉，而会长久永恒。

因为爱，所以在一起；在一起，却不等于如影随形。爱是彼此的城堡，每个人都需要呼吸的空间。平淡的流年里，学会不缠绕、不牵绊、不占有，偶尔把心窗打开，让自己的爱、让对方的爱，出去透透气。如此，爱才能变得更加鲜活，你无须惧怕失去而拼命抓住不放，爱不会随风而去。

爱情，本就是一件宁缺毋滥的事

爱情需要忠诚，当我们不明白爱情的严肃时，最好不要出手，否则我们就成为了寂寞的可怜人。因为情窦初开，急于体味爱情的美妙，所以不愿意等待，在周围的人沉浸于爱情当中时，也想结束一个人的寂寞，所以急于找一个人帮自己驱逐寂寞。实际上，却将自己驱逐了。

爱情是美好的，但是没有爱情不代表人生的失败。一个人也有一个人的精彩。缘分是天注定的事情，有的时候你急于寻找并不一定有结果，而有时命中注定的爱情又会向你走来。爱情不是梦想，它更神秘，让人无从探索，所以不要急，爱情总有一天会向你走来。

有一首歌叫作《因为寂寞》，里面唱道："会爱上他只是因为我寂寞，虽然我从来不说，我不说你们也该懂；其实他会爱上我，也是因为他寂寞，因为受不住冷落，空虚的时候好有个寄托……"简简单单的几句话，道出了五光十色的爱情中，多少人的缩影？

　　她如同一个双面人，白天是写字楼里的白领，夜晚就变成了酒吧里的寂寞女人。每个晚上，她都会来一家酒吧，总要到凌晨两三点才会离开。她来酒吧只是喝酒、唱歌，从不与男人有过多的接触。

　　其实，两年前的她并不是这样。那时候她有一个爱自己的男友，日子过得很幸福。她从来没有喝过酒，也没有去过酒吧，更不会到深夜才回家。可是，男友的抛弃让她彻底变了，她开始酗酒，恋上酒吧。她经常一个人坐在吧台前，有时候会去唱歌，一个人唱着自己的歌，享受看台下男人们对她的称赞和大呼小叫；如果有人邀请她跳舞，高兴的时候她会欣然接受，不高兴的时候看也不看他一眼，再纠缠她就会端起酒杯让他尝尝葡萄酒的味道。

　　一次，她被一个男人吸引了。她看得出那个男人也是酒吧的常客，虽然与服务生调侃，但并不暧昧。他在她的对面坐了下来，主动和她攀谈，她没有回应，然后他不再说话，陪着她喝酒。她不知是因为心情不好，还是为何，一杯接一杯地喝，在她头几乎抬不起来、快要倒下的时候，他走过来抱住了她，然后把她带出了酒吧。

当她醒来的时候，发现自己躺在陌生人的床上。这时，她面前出现了一个熟悉而又陌生的面孔："睡得好吗？"她红着脸没说话。他发现她与酒吧时的样子完全不一样：清秀，楚楚动人。他看到她用被褥裹着，才想起手中的衣服，说道："这是你的衣服！吹了一夜终于干了！"她接过衣服，说了声"谢谢"，又问："昨晚你睡在哪里？"

他指了指沙发，这下她才放下心。看着他准备好的早餐，她说："我是寂寞的女人，不值得！"

他坐下来吃早餐，并对她说："我不会因为寂寞而爱，更不会爱上一个寂寞的女人。"

她离开了他的家，没有吃饭。此后，她也再没有去过酒吧。

爱情，是宁缺毋滥的东西，不要以寂寞为由玷污了爱情的美好。在感情世界里，寂寞是酒，诱惑是毒。越是拒绝，越是寂寞；越是寂寞，越是空虚，最后吞下诱惑的毒。

有人把寂寞比喻成一座空城，把诱惑比喻为城外的围墙。诱惑，就只是寂寞多了一点点，却始终在寂寞之外。我们总是先耐不住内心的寂寞，才会被诱惑。非要因为诱惑而失去时，才明白自己错得离谱，可惜往前一步是山崖，退后一步是望不穿的沙漠。怎么选择都是痛苦，这就是寂寞与诱惑的夹缝。

年少轻狂不能成为我们随意挥霍的理由，我们要知道自己要的是什么。不要因为年轻挥霍掉了爱情，之后寂寞度日。守得住难挨的寂寞，才等得到永远的爱情。

爱不是一句话，爱是一辈子

多年前，有首歌这样唱道："你爱我我爱你，不要变行不行；不多看不多听，只认定这份感情；谁爱我谁爱你，都不变行不行。让未来像从前风平浪静，永远都尽全力捍卫相爱的决心……"

两个人的邂逅、相知相恋是美丽而充满诗情画意的，但能够将这种美丽进行到底，需要深厚的缘分，需要莫大的勇气，更需要用心的珍惜。所有爱的奇迹都是在将爱进行到底中铸就出来的，因为再轰轰烈烈的爱情，也会在岁月的洗礼中让激情慢慢沉淀，剩下的唯有平淡无奇的日子。将爱情进行到底，不是一句台词，而是一种承诺，一种对爱的执着和坚韧。

夏日的傍晚，一对老人牵着手在夕阳的余晖下漫步，这样的日子，他们已经共同走过了50年。

在他30岁那年，经人介绍与她相识。相亲的那天晚上，她就坐在媒人家的土炕上，羞涩地不敢抬头，旁边坐着她的表姐。透过昏暗的灯光，他只看见了那胖乎乎的表姐，却没有看见她。他回家后，跟媒人说不行，那女人不是自己想要的。

后来，又经媒人的几番撮合，他和她最终走到了一起。到了结婚那天，他才发现娶回家的不是那个胖乎乎的女人，而是自己一直在苦苦寻找的那个姑娘。

漫长的岁月里，他们守着一份平淡的生活，养育了三个儿女。后来，儿女们都相继成家了，并都在城里有了自己的家。他不喜欢出门，而她每次去城里看望儿女，也总是匆匆地来，匆匆地回。她担心自己不在家的日子，没有人给他做饭，怕他吃不好。

他最爱吃羊肉馅饺子，几乎每周她都会给他包上一两顿。尽管她自己从来都不吃羊肉，甚至闻到羊肉味还觉得有些恶心。

春夏秋冬，来来回回。他们的生活一天一天看似没什么大变化，可在这50载的春秋里，他们恩恩爱爱，坚守着一份平实的感情，却是夫妻间最难得的境界。

这一对白发苍苍的人生伴侣没有天长地久的承诺，没有地老天荒的誓言，可那相融容的身影相扶相携让我们明白了，淡淡的爱才会有幸福到白头。

记得曾经看过一则动人的微小说：他向她求婚时，只说了三个字：相信我；她为他生下第一个女儿的时候，他对她说：辛苦了；女儿出嫁异地那天，他搂着她的肩说：还有我；他收到她病危通知的那天，重复地对她说：我在这儿；她要走的那一刻，他亲吻她的额头轻声说：你等我。这一生，他没对她说过一次"我爱你"。但爱，从未离开过。

甜言蜜语有时可以帮助感情升温，但并不是爱情的全部。有时爱情无须语言，也并不只是一句话。相守一生的人不需要对方说什么或许就知道对方的想法。我们太过年轻，爱情对于此时的我们来说更倾向于一种认识、一种体会。如果没有准备好一辈子，那么就不要轻易地说爱。这是一种责任。

最好的爱，是经得起平淡的流年

如果说细水长流是一种简单质朴的美，要用一颗宁静的心才能品味出它的意境美，那么轰轰烈烈就是昙花一现的美，灿烂一时却很难延续下去，留下如梦的记忆，使人回味无穷。真正的爱情，并不是抵死的缠绵，而是经得起流年的平淡。

很多人难以接受爱情的平淡，当最初的激情过后，爱情会变成细水长流的模式，有的时候人们就受不住了。我们还年轻呀！我们的人生还很漫长啊，难道一辈子就要活在这样的平淡中了吗？不甘吧，想放手吧，可是之前的一切美好只是一场梦吗？没有爱情能够抵御时间的冲刷吗？

夏沫从未想过会遇到一个让自己魂牵梦萦的男人。她沉醉在他温柔的眼眸里，他喜欢相执她的玉手，漫步在灯火斑斓的街头。是不是幸福来得太快太满了？夏沫心里划过一丝疑问，但很快就被淹没在山盟海誓中了。

很快，他们结婚了。很快，夏沫的幸福感也消失了。婚后，他们常常为一点小事而大吵大闹，因为缺乏深入的了解，两人彼此之间为各自的见解不同而互不相容，因为任性，常常是搞得鸡犬不宁。失语的光阴，多是眼泪与孤寂。夏沫常常向闺密诉苦，久了，闺密忍不住劝她：过不下去就离吧！可是，夏沫放不下那段感情，退已无家可居，进却无涯江湖。

闺密心疼夏沫，约她到附近的一家酒吧，看着她的泪眼，面对着瘦弱无助的她，心头不由多了几分怜悯。她想给夏沫些许劝慰，却又不知该如何开口。此时，酒吧正播着《罗密欧与朱丽叶》的曲子，和谐而至真的深情，绵延如流水。闺密给夏沫讲了一个故事：

"在意大利维洛纳的一个小镇，一栋看起来不起眼的两层楼住宅，上面有一个毫不无起眼的阳台，一扇毫不起眼的木门，旁边一个毫不起眼的中庭，却常常挤满了慕名而来的游客，每个人都要在阳台摄影留念，年轻的恋人们还不忘在门上写下海誓山盟，因为那里曾经是莎士比亚笔下经典爱情故事的女主角——朱丽叶的家……"

闺密特意加重了"毫不起眼"这四个字的语气，故事把它的内涵抛给夏沫，那些宽容与自责，对爱的期望太高是没有错的，怕的是自己陷在爱中又被深爱所伤，成了迷途的羔羊，错乱了方寸。每个相爱的人都期望自己为爱有一个美好的归宿，就像罗密欧与朱丽叶一样，爱得干净、炽热与彻底，成为传说中的向往与神圣。但从来没有想过爱过以后就是一种责任与付出，再没有细节中的浪漫与具体，为生活中的琐事闹得心烦而不愉快……

夏沫流了泪，凝望杯中浓浓的咖啡，淡定地想起了些什么，一语不发。许久许久，夏沫抬起头，轻拭着泪，莞尔一笑，对闺密说："谢谢你，我现在全明白了。"

再次相逢，夏沫已不再跋涉在煎熬的苦海，笑颜如花的她牵着 3 岁的女儿和她的夫君向闺密走来。夏沫与闺密相视一笑，闺密读懂了夏沫眉宇间的那份释然和超脱，还有那一抹淡定的从容。那是岁月洗礼过后的彻悟与洒脱，平淡是福，相守是真。

没有经不起流年的爱情，只有经不起流年的男男女女。在我们初尝爱情的滋味时，无疑是新奇而美好的。但是爱情还有一份责任，还有很漫长的路程，在这之中，它会慢慢进化，收容友情、亲情，最后升华成一种不够浓烈却非常深厚的感情。

不要只知爱情中的浪漫，也要懂得爱情当中的相守。这样你才能幸福地度过你的大半人生。我们的人生当中有 90%

都是平淡，这是正常的，不是爱情变质了，而是我们习惯
了。就像你每天都吃爱吃的东西一样，吃得久了也会觉得味
道一般。

最好的爱，经得起平淡的流年。两个相爱的人结婚相
守，要一起经历大大小小的艰难险阻，可是除了那些，要一
起经历得最多的，还是一天一天平淡的流年。若问什么是幸
福，一生一世一双人，彼此能给予对方快乐和安心，能给予
理解与信任，更重要的是，把每一个平凡的日子都过得精
彩。如此，就够了。

越淡的香气越使人依恋，也越能持久

　　童话如同一张色彩斑斓的图画，有富丽堂皇的宫殿，有
华美的盛宴，有浪漫新奇的玫瑰房，有充满诱惑的财富。爱
情，是每个初尝爱情滋味的人心里的那一本童话，我们内心
渴望将平凡的生活过得轰轰烈烈。在忙碌琐碎的生活中一路
走来，辛酸与眼泪从没有间断过，可我们仍然义无反顾，依

旧风雨无阻。

但是，就在我们忘我地追寻爱情的时候，生活中那份原本的清淡和美好，正在悄然被时光磨砺着、淡忘着，我们也已经忘了何为从容，何为淡定，甚至都少有时间来慢慢品味生活的美好。

晴儿的丈夫算得上是个优秀的男人，成熟稳重，小有成就。晴儿很爱他，走过几年的婚姻之路，他们之间的感情已经犹如亲情。虽说两人之间没什么矛盾，可晴儿却总觉得少了点什么，似乎他们的关系太过平淡，没有了往日的激情和浪漫。

终于有一天，晴儿告诉丈夫，她对现在的生活感到厌倦。说这一番话的时候，她并没有顾及丈夫的感受。那天夜里，丈夫独自一人想了许久，没有做出什么表示。

晴儿对丈夫的表现很不满，嚷道："一个连危机感都没有的男人，还让人指望你什么？"

丈夫说："你告诉我，怎么样才能让你满意？"

"如果我要一朵峭壁上的花，而你将为此付出生命，你愿意吗？"晴儿又说了一个不切实际的"浪漫难题"。

丈夫摇摇头，说："我明天给你答复。"

第二天早上，晴儿醒来时发现丈夫已经离开了。客厅的餐桌上放着一张字迹潦草的信。

亲爱的晴：

原谅我，我不会为你去采峭壁上的花。让我向你解释为什么。

你出门总是忘带钥匙，我不得不跑回家为你开门。

你上网时总是会把程序搞乱，每次都坐在屏幕前大发脾气，我不得不动手恢复那些搞乱的程序，还要安抚你那"小豹子"一样的脾气。

你喜欢旅行，可你却是个路痴，总是迷路，我不得不陪着你。

你累的时候总是痉挛，我不得不为你按摩，减轻你的痛苦。

你一个人在家里总是害怕，我不得不陪在你身边，让你觉得家里很安全。

你偶尔会觉得无聊，为了给你解闷，我不得不想尽办法给你说笑话讲故事。

所以，亲爱的，除非我确信有人比我更爱你，我才会离开。否则，我不会留下你一个人……

看到这里，晴儿的眼泪下来了。

信的下面还有一行字：如果你认为我说得对，请把门打开。因为我像每天一样，买了你最爱吃的老婆饼和酸奶。

晴儿急忙去开门，她已经忘了悬崖之花，看到手里拿着早点的丈夫，就一下子扑到了他怀里。

很多时候不是不爱，只是还没习惯生活的平淡；有些时候其实深爱着，但当爱成了习惯的时候，却恍然不觉。生活中和晴儿一样的人很多，在他们眼里，生活的单调乏味谋杀了他们的爱情，因此对平淡的生活心生厌倦。殊不知，每一份平淡中都有不凡，淡也是生活最浓的滋味。

苏轼曾经说过："岁月浓淡总相宜，人生有味是清欢！"在苏轼眼里，"清欢"才是人生的最高境界。世事纷繁，相比大千世界、芸芸众生，我们不过是一个平凡人，如小草之于烂漫的春天，如小溪之于辽阔的海洋，如白云之于无垠的蓝天……这世上惊世骇俗者寥若晨星，大多数人都走不出平凡。

简单一点有何不可？平凡才是人生，我们轰轰烈烈的爱过，没有什么可后悔的了。我们既然爱过、痛过、伤过、笑过，那我们可以晋级到人生的下一阶段了，你还想要在轰轰烈烈的青春中停留多久呢？学会平淡地生活吧，只有受得住平淡，才能守得住流年。

既然要走，就不要挽留

感情就像茶，即使最初时再浓也会被时间之水一点点的冲淡。于是，很多曾经炽烈的爱在这一强大的力量面前败下阵来，走向了尽头。

那么，当一段原本以为会天长地久的爱情不得不落幕的时候，当一个原本以为会执子之手、与子偕老的爱人选择离开的时候，我们该如何给这段感情一个交代，该如何给爱过的，甚至还在爱着的人一个结局？

不用问，任何一个人，在眼睁睁地看着全心全意付出的感情和那个曾经深爱的人远走，心底的哀伤和绝望都能瞬间令自己泪如恒河，心如刀割。可是，这些并不能作为挽留对方的理由。要知道，你越是纠缠不休，越会让自己伤得体无完肤。

如果他非要走，那就让他走吧，干净利落地走，即使心已哭成泪海，也要笑着目送他远去。这样的你，才是高姿态的显露，才是让这段感情圆满地落幕。

　　肖琳至今记得，当初决定和他一起牵手奔赴这条感情之路的时候，她要他答应自己一件事：如果某天，他不再爱她了，对他们的感情厌倦了，不要躲她，只需明白地告诉她，不爱了，爱不下去了，她就会离开，绝不纠缠。

　　不知是当初的"一语成谶"，还是命运的捉弄，时隔两年，他们的感情果然走到了分手的边缘。而他，也果然提出了刺痛肖琳身心的那两个字——分手。

　　在排山倒海一般的痛苦和绝望里，肖琳除了独自一人时默默地哭泣，没有在他面前表现出任何的挽留和纠缠之意。她想，或许是自己的性格不允许自己纠缠，也或许是他的冷淡让自己无力挽留。

　　可是，不挽留不等于不想他，毕竟她深深地爱过他，而且到现在还依然爱着。她思念他的心折磨着只有她一个人的日日夜夜。往往别人不经意的一句话，就能让她想起他。每当面对那些孤寂的黑夜，再也没有他温暖的拥抱；每当走在寒冷的大街上，再也没有他伸过来的热乎乎的手让她取暖；每一个或忙碌、或轻松的日子，再也没有了他句句关心、字字问候……

　　想到这些的时候，肖琳都想让自己一觉睡过去，从此不醒。可是，她的坚强没容许她的任性，而是坚定地"告诉"她：咬咬牙，坚持下去，会好起来的，一定会的，你只是需要战胜时间。

他不在，时间却不会停滞不前；他不在，她的生活还要继续。在日复一日的生活里，肖琳努力地做到了自己的伤自己解决，自己的心情自己整理，自己的疼痛自己埋葬。她深深懂得，不挽留，不证明自己不爱他，不证明自己不想他，也不证明自己的心没有受伤，只是这样的选择，是她能为他们曾经的爱所能做的最后一件事。

在一段落幕的爱情面前，两个人的爱情之花便已枯萎，爱的路也已走到终点。竭力挽留只是一厢情愿，挽救不了已经凋谢的爱情之花，挽回的只是再一次的心伤。其实，幸福是可以追求的，但不是乞求就能够得来的。比起没有用的歇斯底里，一个不挽留的离去的背影，至少能让自己在爱过的那个人的眼里，还保有最后的一份美感。

一个人的浮世清欢

"红尘陌上，独自行走，绿萝拂过衣襟，青云打湿诺言。山和水可以两两相忘，日与月可以毫无瓜葛。那时候，只一个人的浮世清欢，一个人的细水长流。"既是才女又是美女的林徽因曾写过这样一段文字。这段话也道出了对于世间之情无须希冀太多、无须留恋太多，只需认真体味独自一人的美丽人生就好。

很多时候，因为爱一个人，我们会至死不渝，不离不弃。可是随着光阴的流逝，却发现那人只是飘过天边的一抹云霞，不管多么美丽，也都恍惚且遥远。也有的时候，为了挽留一个人，我们义无反顾，拼尽全力，可是到头来却发现，爱就像捧在手中的沙子，握得越紧，流失得越快。

其实，并非这一切都是和自己作对，而是自己对那份曾经的感情还有一些残留的痕迹，还没能让其从心里完全剔除，或者藏匿于某个角落。如果能够做到林徽因所说的那番洒脱，所有的执拗便不再有，所有因此而引起的牵挂和不舍也会远去。剩下的，就是一个人的浮世清欢，一个人的细水长流。

在共同走过了 3 个春秋冬夏的交替之后，叶子和男友分手了。品尝着失恋的滋味，叶子也曾痛苦过，迷茫过，但是很快她就从这种情绪中抽离出来，写下了一段这样的文字，发给了那个留给他冷漠背影的前男友：

现在，我不用再苦熬着等你夜归，要知道你总是找不到钥匙，我只得强迫自己在寒冷的冬天爬出温暖的被窝给你开门，是件多不容易的事。尽管给你开门的时候，我很积极主动，而且脸上还带着微笑。

现在，我不必再胡思乱想深夜不归的你去了哪里，也不必为此而让自己熬成一个"黄脸婆"。因为经常担心你回家的时候因找不到钥匙而无法开门，我只在客厅里等啊等啊，经常从今天等到"明天。"

现在，我不必再考虑怎样满足你挑剔的胃，我可以自己想吃什么就吃什么。在买衣服的事情上，我也不必再听从你的"建议"，而是只要自己喜欢，价格又可以接受，就会买下来。我喜欢自己美丽的样子。

现在，我曾经的"话唠症"不见了，开始变得安静起来。因为我不必再为你没有洗脚就上床而唠叨，也不必为要给你洗脱下3天的臭袜子而抱怨，更不必告诉你一定不要酒后驾车和吃晚饭的时候询问你何时回来。

现在，我是一个理智、智慧的女子，朋友们都说我的状态比以前更好。这简直让我欣喜若狂。我用微笑和谢意回报别人的赞美，我用以前不曾有过的开朗和温和与人交流，因为没有你的责备，我不用再担心哪句话说错而影响你的面子。

这样的改变还有很多很多，一想起来，我就想发自内心地对你说一声谢谢。谢谢你的离开，让我的生活变得更加精彩！

朴素的文字里，却字字句句透着一种洒脱、一种淡定和一种"自我"的幸福。

这个女孩是智慧的，因为她知道对于已经无法修补，或是不复存在的爱情，自己没必要去留恋。与其死缠烂打，还不如从两个人的回忆中快一点走出来，用全新的面貌面对生活，为自己创造幸福和欢乐。

他走了，爱走了，带不走你本该拥有的天堂，因为它始终在你手上。退一步想想，没有谁能够一直陪伴我们。生命中总会有人到来，有人离开，而很多时候却是我们独来独往的。既然爱过，就不后悔；即便分了，也不伤悲。

在或明媚、或暗淡的爱的路途上，并不是每一次结束都是一场悲剧，有时候它更是另一种新生的开始。因为在只剩一个人的日子里，让你有机会重新认识自我，重新审视自己的价值，重新塑造崭新的自己，就像凤凰涅槃，在浴火中得以重生。

时间总会过去的，让时间流走你的烦恼

我们进入社会的时间并不久，面对周围那些习惯了生活节奏的人来说，我们觉得非常困难，因为生活太过于繁复，有太多太多理不清的头绪，也有各种各样的烦恼。生活中杂事很多，加上感情的纠葛，我们觉得非常辛苦，甚至快要喘不过气来。有的人因为爱情而烦恼、痛苦，甚至颓废堕落，寻死觅活。

事实上，我们最需要的是持有一种温和宽容的态度，因为世界上没有什么是永恒的，也没有什么是不可改变的，时间是岁月的手，翻云覆雨间改变着生活！很多原

来认为一成不变的事情会随着时间的推移出现前所未有的变化，很多先前久久不能释怀的情感会在慢慢地沉淀中找到注解。

所以，凡事千万不要偏激，想不开，不妨把一切交给时间。时间永不停滞，人世间的所有的痛，包括生离死别，有一天都会被时间静静风干。春来冰消雪会化，相信时间。真的，人生没有过不去的坎儿。

伊莉原本是一个幸福的女人，可是有一段时间里倒霉的事情接踵而至，她的丈夫因病去世了，不久她的儿子又坠机身亡。一连串的打击让她的心都碎了，她不知道今后的路自己能否坚持走下去，整日郁郁寡欢。后来，她因过度怀念丈夫和儿子在世的岁月，由怀念而生悲痛，结果病倒了。

了解到伊莉的病情和生活情况后，主治医生对伊莉说："你的病情太严重了，需要长期住院治疗。但是你又没钱……我看这样吧，从现在开始，你可以在本院做零工，每天打扫病人的房间，以赚取你的医疗费用。"反正没有比这更好的活法了，而且就目前的情况来说，自己似乎根本别无选择。于是，伊莉开始手握扫帚，每天不停地忙碌着，将医院的角角落落打扫得干干净净。

时光飞梭，渐渐地，伊莉发现自己不再那么怀念丈夫和儿子了，内心也恢复了平静。寂寞、担忧被驱除了，伊莉的身体也就好了起来。三年的时间里，由于经常接触病人，伊莉对病人的心理也了如指掌，后被院方聘为陪护，再后来，伊莉还成为了该医院的心理咨询师，她觉得自己新的人生要开始了。

看到了吧，时间是医治一切创伤的"良药"。很多时候，当下那个我们以为迈不过去的坎心，一段时间之后回过头看其实早就轻松跳过；当下那个我们以为撑不过去的时刻，其实忍着、熬着也就自然而然地过去了。

没有比死亡更决绝的分离了，相对于阴阳两隔的人来说，分手并不算什么。只不过爱淡了，不爱了。分开了，不代表不会有下一段爱情，交给时间便好。

时间是医治一切创伤的"良药"，请耐心地等待。春去春又来，花谢花又开，时间会带着你所要的安宁，在路上。把一切交给时间吧，且闲庭信步，看花开花落。

爱有度，过界便是伤害

一位禅师带着小弟子下山化缘，他们路过一个莺语花香的园子，一派春日祥和景致，师徒二人正在享受漫步的悠闲，突然听到一棵高大的树上传来一阵哀鸣，举头看去，是一窝小鸟因害怕而啼叫。

"这么小的鸟却放在这么高的树上，难怪会害怕。"小徒弟说。他不忍听到小鸟的叫声，就拿了梯子，把鸟窝放在低一些的树枝上。禅师微笑赞许："有爱生护生之心，很好。"

第二天，小弟子关心小鸟，偷偷去花园，又听到小鸟的啼叫。于是，他又将鸟窝放低了一些。如此几天，小鸟终于心满意足，发出欢悦的声音，小弟子终于能够放下心。

没过多久，小弟子又一次和师父下山，路过花园，却听不到鸟儿的声音，只看到低矮树枝间空荡荡的鸟巢和散落的羽毛。原来，鸟巢放得太低，小鸟都被附近的野猫叼走了。禅师摇头，双手合十说："万物有定分，你过分帮助它们，却是害了他们。"小弟子懊悔不已。

爱一个人的时候，就想把自己能想到的一切都给对方。可是，给得多了，对方常常觉得承受不住。就像一个燃烧的火炉，一味添加炭火，不会使它更旺，反而可能熄灭燃起的火焰。因为，炭太沉了；因为，炉子里空间不够了；因为，看到还有那么多炭，火焰厌倦了燃烧。爱情有时就像炉中的火焰，不是你给得多，它就会一直光耀动人。

世间有很多人在爱情中愿意尽可能付出，也是希望对方感觉到自己的重要，让其有一种"错过了，就再也找不到这么好的"感觉。可惜，爱情并不是择优录取。我们经常看到一个人在两个追求者中，选择的是看上去不那么理想的一个，而且选择者看上去还很幸福。其中滋味，恐怕只有爱过的人才能了解，旁人看去，不过雾里看花。

过度的爱对于接受者来说，可能是喜悦，也可能是伤害。就像两个人面对面坐着，一人拿一个杯子，一个人不停给另外一个倒水，而自己的杯子始终空着。最后，一直喝水的人终于受不了了，可能觉得对方给得太多，心存愧疚；可能觉得一直不停地喝，觉得腻烦；也可能因为自己始终不能为对方做些什么，找不到存在感。总之，在对方无尽的给予中，他再也感觉不到喜悦。感情走到这个地步，分离是必然的结果。

当然，亲情、友情等都一样。当父母给予我们过多的爱的时候，原有的感情就会变质，成为一种溺爱，或是成为我们的一种压力、负担，最终成为我们不能承受之重；而朋友之间，如果爱过界，那么就会过多地干涉朋友的生活，两个人最终会产生隔阂。距离产生美，这是一个不变的定律。

情感是很美好的，我们希望父母疼爱我们，希望朋友关心我们，希望爱人无时无刻不思念我们，这都无可厚非。但是，作为人这样的个体，无论身边还是心里，都有一个安全范围，在这个领域当中，只能有我们自己。我们如此，对方也是一样，将心比心，懂得尊重，才能把握好度。

学做一个聪明人，不要像他人的影子一样。每个人心中最高的位置都应该是自己，所以你对于他人来说，也不过是他们人生当中的一部分，或许位置很重要，但并不是他们人生的全部。不要将自己的一切都交付他人，这样只能让自己变得廉价，让自己没有立场落脚，自然也得不到别人的珍惜，做个聪明人，保持一些距离，掌握好度，不要靠得太近，付出太多，以免伤了别人，也伤了自己。

第六辑

世，要洞悟

　　生活有精彩也有平淡，有坦途也有荆棘，只有学会生活，懂得生活，才能看淡生活中的不平事。怀包容之心，笑看世间不平事，让心情归置一片宁静。

生活不是童话，讲不出那么多美丽的故事

出生在一个条件好的家庭，有理解自己的父母，最好还有一个照顾自己的哥哥或姐姐。智商最好比普通人高，轻松地度过学生时光，然后进入社会，先到一个大公司积累经验，在这个过程当中认识人生中的另一半，之后两个人一起创业，生一个可爱的孩子，然后孩子成长得顺利，也走着自己曾经走的路，在自己老去的时候和爱人执手走入坟墓……

这似乎是每个人的理想，但是我们往往忽略了，生活并不是童话，没有那么多美丽的故事。生活当中有很多琐碎事、烦心事，就像一个个的小疙瘩，想解都解不开。这本是生活的真实面貌，但往往很多人只能接受生活中的美好与顺利，忍受不了生活中的不平事，进而心烦意乱，还要将罪过归于生活。

看淡不了生活中的不平事，是对生活的苛求太多，想

让生活受自己的思想支配，美好与丑恶全要自己决定，这难道不是愚人痴梦吗？生活本该就有精彩也有平淡，有坦途也有荆棘，只有学会生活，懂得生活，才能看淡生活中的不平事。

怀着一颗包容之心，笑看世间的不平事，不过分苛求，心情也会归置一片宁静。生活中存在不平事已是一种缺陷，为何还要让心为其所累呢？何不用包容、宽恕来弥补缺陷，使生活在另一种层面上达到完美？

舒宁是一个浪漫主义的女孩子，也许是受电影的影响，她的脑海中总是有许许多多浪漫的桥段，她希望自己的人生能够像电影一样富有戏剧性，也希望能够得到一个完美的结局。

在她小的时候，总希望在雨天可以不打伞，在雨中漫步，享受青草的气息，她觉得这是非常浪漫的一件事情。但是她的妈妈总是不让她在雨天出门。终于有一次，她抓住了机会，跑到了外面，尽情地淋雨。不过雨水很大，她连路都看不清，呼吸都吃力，更不用说闻到青草的气息了。在她往家跑的路上因为看不清路，摔了一跤，腿磕破了。而且因为淋了雨，她发起了高烧，生病并不是什么浪漫的事，要吃很苦的药，而且淋雨还让虱子在她头上安了家。

因为这件事，她不再淋雨。但是这并没有阻止她浪漫细胞的发育。等到她上学之后，又想起了电影中站在自行车后架上迎风的感觉，电影中的女主角就像泰坦尼克号中的罗丝一样，展开双臂，享受清风的洗礼。但事实是，当舒宁刚刚作出迎风而飞的动作时，就因为红灯，自行车刹车而摔到了地上。

　　在她情窦初开的年龄当中，总希望对方能像电影当中的男主角一样，因为她的苛刻要求，没能和任何一个男孩子恋爱很久……日子总是这么不咸不淡，这让舒宁非常恼火。可是生活就是生活，没有那么多浪漫的情节。

　　艺术源于生活是没错，但永远高于生活。我们活在现实当中，而不是虚幻的童话里。当然，在爱做梦的年龄里难免会有各种各样的期望，但生活并不是我们想象的那样常规，四四方方，有棱有角。生活更像空气、像水，没有形状，你永远都不知道下一刻生活会变成什么样子。很多突如其来的变故或意外并不受我们思想左右，甚至让我们的思想也要跟随改变。所以我们能做的就是看淡不平事，用尽可能多的精力去享受生活中的美好。

　　看淡不平事，不但可以将失落转化成快乐，更能感染周遭，净化世界。你若跟别人不计较，别人也会向你学习，你让一步，对方就会退一步，因为每个人都有一颗向善的心，只需一个契机去开启。

不要苛求生活的一帆风顺，要学会享受美好，当你淡化那些现实的残酷后，你会发现生活中美好所占的比例其实很大，而那些不平事其实并没有我们想象得那么遭，你松开了疙瘩的一头，其他的头也就慢慢变松。

我们没有弥勒佛那样的高度，但面对生活中的不平事，可以选择完善自己，可以降低自己对公平的标准，也可以放弃对事情的苛求。世间没有绝对的公平，因为世界就不是秉承公平创造的，优胜劣汰，适者生存。

当不公平出现时，拥有"退一步海阔天空"的气度，你会看到天的无边，海的无垠。古来成大事之人都因具备"记人之长，忘人之短"的宽容，才在人们心中留下美名。看淡生活中的不平事，莫要让苛求染黑了快乐，你便会拥有看淡之后的神清气爽。

生活是不公平的，你要去适应它

为什么自己出生在偏远地区，而不是城市里的知识分子家庭？为什么自己大学毕业的时候偏偏赶上国家不再分配工作？为什么自己拼命工作，而老板却把晋升的职位给了一个亲戚？为什么自己成家立业的时候房价较几年前翻了数倍？……

每一个人都期盼着公平，但是绝对的公平是不存在的。遭遇生活的不公平时，很多人无法适应，怨天尤人，整天活在忧郁之中，这或许能解一时之气，但我们也就等于被生活击垮了，更别提获得安然的生活方式了。

试想，如果你大学毕业后被分在基层工作，你一边愤愤不平，一边敷衍工作，那么你会有被升职的机会吗？恐怕不能，因为老板会认为你连最简单的事情都做不好，根本不会有责任和能力去做更高级的工作。

上天眷顾的人只是少数，而我们只是那大多数中的一部分。既然这样，我们何必对那些不公平的人或事耿耿于怀呢？正确的方法是温和宽容、平心静气，以忍灭嗔，不被不公平所牵绊，思考如何更好地适应生活的不公，创造公平。正如比尔·盖茨所说："生活是不公平的，你要去适应它。"

蔡琰来自西安山区的一个贫穷农村，专科毕业后为了谋生他来到西安一家大型企业做保安。最初，这个小保安感到很沮丧，因为在很多人心中保安是和"素质低下"、"没有文化"这些词关系密切的。曾有同学想给他介绍对象，对方女生"啊"地叫了一声，"什么？一个保安？"连要求外来人员出示证件这种例行的工作，他也会碰钉子，"哎呀，你不就是个保安吗，还查什么证件呀！"

这些经历让蔡琰感觉自己不被尊重，他一度眼红，很不服气："命运为什么这么不公平？凭什么那些白领们在干净优雅的办公室里办公，而我却要站在风里雨里站岗？"不过，很快他调整了自己的心态，决定努力缩小与这些人的差距，之后他利用所有的闲暇时间来充实自己，他利用休息时间攻读英语、经济管理、社会心理等课程。由于什么都是从头学起，蔡琰学得很拼命，就算是坐火车回老家时他也拿着书在看。有时，看到周围的队友业余时间在看电视、打篮球，他也心里痒痒的，但一想起别人说的"你不就是个保安吗？"他就会咬牙学下去。

就这样，"潜伏"了近三年，蔡琰通过成人高考考上了西安师范学院的经管系，他一边工作，一边学习。通过几年的认真学习和实践锻炼，他的个人能力得到了提高，并以全班第一的优秀成绩毕业。一毕业，他就被一家大型企业录用了，月薪比保安工作翻了好几倍，他已经是一名真正的白领了。

出身贫困，没有学历、没有关系，蔡琰面临了太多的不公平，但是他凭着勤奋与坚持，取得了令人瞩目的成功。这个事例告诉我们一个道理：不要在公与不公上计较，放弃抱怨和愤怒，接受不公平的现实，及时做一些更有价值的事情，把力用在发展能量、提高自己上面，那么早晚有一天生活会给我们公平的回报。

面对生活的不公平，每个人因为自己的修养、意志、胸怀、境界的不同，会有不同的态度，会做出不同的反应。正是这种不同，造就了一个人和另一个人，一些人和另一些人的不同人生。换句话讲，一个人的生活未来和成长实现，主要取决的不是他如何面对公平，而是他在不公平环境中有怎样的表现。

唯有适应当下的环境，才有机会去改变自己的处境。

普希金有一首短诗《假如生活欺骗了你》："假如生活欺骗了你，不要忧郁，不要愤慨；不公平时，暂且忍耐。相信吧，快乐的日子将会到来。"不要奢望自己成为上帝的宠儿，假如生活欺骗了你，给了你诸多不公平的待遇，那么请接受普希金的忠告吧，"不公平时，暂且忍耐。"

穿透青春的迷雾，我们总会成熟

青春年少的我们就像是没有成熟的果子，在向着成熟迈进。一枚果实生长的周期有一年，甚至更久，我们的人生要比果树长多了，自然我们生长的周期也会很长。在成熟的路上，我们会不断学习、不断积累，因此，在这条路上我们会有很多经历，也会有很多感慨。

我们从出生开始，就是一个不断学习的过程，因为我们不懂的有很多，所以会感到迷茫。在我们年少的时候，学习的是知识。同样，在我们步入青年之后，面临着新的挑战，对于未来，我们仍旧感到茫然和不知所措，因为我们仍旧不懂，这个阶段，我们学习的是人生。

学习是很漫长的过程，因为我们需要体会，需要理解，在这条路上，无论遇到了什么事，都不要当成是绝壁，即便看上去是悬崖，也一定有一条通往对岸的路。在行进的过程当中，我们会慢慢成熟。

从前，有一个想要出外寻梦的年轻人，他朝气蓬勃，但是对于前途的未知，他本能的有一丝恐惧，也有一丝迷茫。为了实现自己的梦想，他找到了一名老者，询问自己应该要怎么做。老者只送了他三个字——"不要怕"。看到这三个字，年轻人顿时充满了信心，他想对呀，我还年轻，有什么可恐惧的呢？我有大好的时光，可以供我实现梦想。

带着无畏的勇气年轻人上路了。他的创业并不顺利，因为他太过年轻，很多人都不愿意相信他，但是每当他受到打击的时候，都会想起老者送他的三个字，他又充满了信心。渐渐地，他有了自己的客户，有了自己的朋友，他也成立了属于自己的公司。

但是和他一起开创事业的朋友却背叛了他，挟款私逃了。眼看自己的人生刚有起色，就成为了一个穷光蛋，年轻人有些茫然，不过想到老者的话，他又充满了勇气，他想，我还年轻，没什么输不起，大不了从头再来。

就这样，他又重新振奋，贷款继续开公司，慢慢还清了朋友留下的所有账单。也因为他的诚信，使得他的客户渐渐稳定，因为人们都相信这个踏实肯干的年轻人，和他做生意绝对没有问题。

当事业风生水起的时候，他遇到了人生当中的另一半，他们相爱、结婚，之后还有了一个可爱的女儿。家庭稳定之后，刚过而立之年的他又将自己的精力投入到了工作当中。因为公司规模越做越大，他也越来越忙，回家的时间越来越晚。他的妻子多次跟他抗议，最终两个人吵起了架。

女人一气之下离开了，他没有挽留，但是当夜深人静的时候他才开始思考，自己这样拼命为的不就是有一个幸福的家庭吗？之后他想到了妻子的温柔，女儿的乖巧。第二天他找到了自己的妻子，并和妻子保证将更多的精力放在家庭当中。

岁月流逝，人过中年的他不再青春年少，但是对他的未来再次感到了迷茫，所以回到家找到了迟暮之年的老者，诉说自己的过去和疑惑，求老者给他的未来指明道路。老者听后仍旧送他三个字——不要悔。他默念着这三个字，久久地沉默。

人的一生确实如老者概括的这样简单，其实真相都不复杂，只是我们需要用时间去领悟、去体会。现在的我们正处于人生的上升阶段，正是"不要怕"的时候，我们只要抱着这个信念向着梦想冲刺，就没有什么可迷茫的。

花落花又开，春去春又回，纵然青春的天空上满是雾霾，但我们只要坚定方向向前走，最终会守得云开见月明，冲出青春的迷雾，到达下一个人生阶段。韶华易逝，不要将光阴荒废在迷茫当中，要过去的终究会过去，青春的列车一直在前行，不要四处张望，它终会带我们到达人生的下一站。

浮躁，只会让我们在人生路口更迷惘

当今是一个快节奏的时代，而我们，正处于易焦躁的年龄当中，因此遇事我们就会变得很浮躁，越是想要解决，越是找不到出口，急得就像是热锅上的蚂蚁。

实际上，门就在那里，路就在那里，但是浮躁的我们反而看不清楚。很多事情都不是急功近利能够办成的，只有静下心来，才能用理智思考解决。

青春年少，迷惘不知前路，但是又想知道自己未来的方向，难以静下心来思考，逐渐地焦躁起来，迷失在人生路上。

有一个年轻的美国人，他刚刚大学毕业，正准备进入社会施展拳脚的时候，接到了当年冬季的征兵通知。这意味着他要进入部队，成为一名军人。对于前途有些迷茫的青年来说这或许不坏，至少有了一个方向。但是，他即将服役的部队却是最辛苦、最危险的海军陆战队。

这个消息对于青年来说简直是一种打击。他不知道要怎样躲掉可恶的兵役，开始时他迷茫，渐渐地他开始烦躁起来。暴躁不安的他甚至开始搞破坏，摔东西。看到儿子这个样子，他的父亲决定要劝一劝自己的儿子。于是他对孩子说："你有什么可焦虑的呢？海军陆战队当中也有内勤部门，去到那里有什么辛苦的呢？"

"可是还有外勤部门啊？我又不能确定我一定会被分到内勤部门。"年轻人答道。

他的父亲接着说："如果是外勤部门也不一定会被分派到国外啊，还是有可能留在美国的，你有什么可担心的呢？"

"如果我被分派到外国的军事基地，没有留在美国本土呢？"

青年的父亲继而说道："国外的军事基地也有两种啊，一种是时常有战乱的维和地区，还有一种和平国家，到了和平国家不就等于出国游玩了吗？还能增长见识，增加生活阅历，说不定还能学上一些外语，有什么不好的呢？"

青年越来越烦躁，他抓着头发说："可是还有可能到维和地区啊，那里有多危险你是知道的不是吗？"

　　父亲笑了笑："那你还有两种可能啊，一种是负伤，另一种就是安全归国啊。"

　　"如果我负伤了呢？"

　　"那你可能保住性命，也有可能丧命。"

　　青年终于受不了了，他摔了一个杯子，对父亲咆哮："如果我死了，那人生不就结束了吗？你是我的父亲，你忍心看我去死吗？"

　　青年的父亲严肃起来，对青年说："你是我唯一的儿子，也是我最爱的儿子，你是我和你母亲最大的荣耀。如果你在战场上丧命，那么你有两种选择，第一种是成为冲锋陷阵的英雄，另一种可能是躲在他人身后不幸丧命。你的选择是什么呢？如果愿意做一个英雄，那么你到底在担心些什么？在焦虑些什么？你能躲避兵役，但是你不能躲避命运，那是你的人生，未来是你自己创造的。你父亲我就曾是海军陆战队的一名士兵，我现在好好地站在这里，而且一生都以在那里服役为荣。"

　　青年听后终于安静了下来，第二天，他开始收拾自己的行囊，准备去服役了。

　　年轻就是这样，我们总会莫名其妙地焦躁不安，但事实上我们并不能改变什么境遇，所能做的只有改变现状。淡然一点，沉静一点，总有我们能够做的事，总有我们能够看见的希望。

不要让焦虑、浮躁控制自己，不要一个人瞎忙，事倍功半，不如先看看自己手中的事情是否真的有意义，重新认识自己，审视自己，看看现实，或许你会找到一条明朗的路。

海为自己蓝，你为自己活

当你面对他人的评价和指责的时候，你会作何反应？是心情低落，还是据理力争？相信没有任何一个办法比"关你什么事"这句话更让人哑口无言了。人生是一幕剧，你站在属于你的舞台上表演着，直到曲终人散。观众可以评论你的剧本，但无权改变你的剧本。或者，台下可以没有观众。

成功的戏剧家并非是迎合观众口味的人，而是用心演绎的人。斯坦尼斯拉夫斯基曾经提出过一个"当众孤独"的理论，他认为，想要做一个优秀的演员，那么在他表演的世界里，就应该只有他一个人，周围的一切都应该被忽略。既然要在我们的人生当中扮演主角，那么我们就应该用心演绎自己的人生，他人的评论，无关痛痒。

没有人能够完全理解另一个人，所以任何评论都只是一己之见而已，你的人生或许他人并没有参与，那么既然这样，他人的意见你又何必纠结？

有一位年轻的女孩，一直希望证明下自己的价值，可每当她鼓起勇气去做一件事的时候，只要周围人说一句消极的评价，她的热情和兴致顿时就会消失一半。渐渐地，她对自己失去了信心，甚至还产生了自卑的情绪。

后来，她向一位长者求助，希望能够得到一些启示，改变自己。她问长者："为什么别人努力过后总能得到回报，而我努力的结果却总是那么糟糕呢？"

长者笑着摇了摇头，说："如果我送你'芳香'两个字，你会想到什么？"

女孩思考了一会儿，说："我会想到蛋糕。我开过一家蛋糕店，可是不久前停业了。到现在，我依然能够想到那些芳香四溢的甜品。"

　　长者点了点头，然后带着女孩去拜访一位画家，他也问了对方这个问题。画家说："芳香，让我想到百花争艳的野外，还有翩翩起舞的少女。这两个字，给我的创作带来了灵感。"

　　随后，长者又带女孩拜访了一位动物学家，也问了同样的问题。动物学家说："芳香，让我想到自己正在研究的课题，自然界里很多动物都用身体散发出的芳香做诱饵，捕捉猎物。"

　　女孩不太明白长者的用意。见此情形，长者又带她去拜访了一位久居海外，刚刚回国来探亲的富商。同样，还是芳香的问题。只见富商动情地说："芳香，让我想到了故乡的土地。"

　　辞别那位富商之后，长者问女孩："现在，你已经看到不少有成就的人了。他们对'芳香'的认识，和你一样吗？"女孩摇摇头，还是一脸的疑惑。

　　长者笑了，意味深长地说："生活中，每个人都有与众不同的芳香，你也一样，有自己的芳香。为什么你不能像别人一样出色呢？那是因为你总是太看重别人对芳香的理解，把生命浪费在别人的眼光里。"

　　一千个人眼中有一千个哈姆雷特，每个人都有不同的阅历，也有不同的看法。不用去在意别人对你的看法和评价，你是在为自己而活。即便你做了什么招来流言蜚语，招来议论，也不用担心，你不过是别人饭后的谈资而已，每个人都有自己的生活，不会有人以关注你的一生为目标。

曾经有个女孩，每天都要花费大把的时间搭配衣服、化妆，这让她觉得辛苦，但她无法停止这种行为，她每次打扮过后都会问朋友好不好看，终于有一天她的朋友不耐烦地回了她一句："随你打扮成一枝花，谁闲着没事看你啊?"女孩这才明白。

不要在意别人的眼光，你走你的路，他人的看法并不能否定你的人生。既然我们正年轻，那大好的人生凭什么跑到别人的人生中当插曲呢?随别人怎么看，随别人怎么说，你都生活着你的生活，快乐着你的快乐。做回真实的自己吧，真实的你才是最美的你，真实的你才能度过最美的青春。

无路可走时，回头才是岸

生活中，我们听了太多"坚持就是胜利"的道理，很多人做事都讲究坚持，坚持到底，坚持不懈，这固然是值得肯定的，通常也能有所作为。然而，一味地坚持，刻意地执着，坚持着不该坚持的，明明方向并不正确，却坚持一条道走到底，这就变为一种盲目的固执了，有失理智。

在大西洋中有一种鱼，长得极为漂亮，银肤、燕尾、大眼睛，它们平时生活在深海中，所以不易被人捉到。但是在春夏流卵之际，它们会结群顺着海潮漂流到浅海。这时候，它们极易被渔民捕到。捕捉它们的方法很简单：用一个孔目粗疏的竹帘，下端系上铁，放入水中，由两个小艇托着。

如果这种鱼不落入竹帘中还好说，一旦它们进入竹帘中，那几乎就是死路一条了。因为这种鱼"个性"要强，不爱转弯，闯入竹帘时也不停止向前游，一只只"前赴后继"地陷入竹帘中，帘孔随之紧缩。竹帘缩得愈紧，它们就愈拼命地往前冲。结果被牢牢地卡死，最终成群结队地被渔民所捕获。

你是不是会为这种"固执"的鱼惋惜，感慨它们的愚笨和无知。但细想一下，我们又何尝不是如此呢？死守着一份不适合自己的工作，坚持着无望的爱情，坚持做自己无力能及的事等，结果身陷泥潭，不能自拔。轻易地放弃了该坚持的，固执地坚持了该放弃的，这是人生最大的悲哀。

何必要固执地一条路走到黑，走一条无路可走的死胡同？不如赶紧放弃，及时回头。要知道，及早走出这条死胡同，才能有新的发现、新的开始，我们才有可能绝处逢生。这正好应了文学大师斯宾塞·约翰逊曾经说过的那句话："越早放弃旧的奶酪，你就会越早发现新的奶酪。"

刘珊是某一外贸公司的秘书，她为人随和，善解人意，对工作也是尽心尽力，但她却非常不喜欢坐办公室，在办公室超过一个小时她就如坐针毡。这一点，让她深感做秘书工作的吃力和不快。

这样过了一段时间后，身心俱惫的刘珊打算向老总提出辞职请求。但是想到这家公司在业界非常有威望，而是自己当初是经过层层面试才进来的，要是这么走掉就可惜了。想来想去，她决定先调换一个新部门试试。

做什么好呢？刘珊开始有意识地留意自己的能力，为内部跳槽做准备，她发现自己思维缜密、善于分析，而且乐于与人交往，便大胆地请求老总将自己调到了销售部。果然，在谈判桌上，刘珊如鱼得水，应付自如，工作做得非常出色，赢得不少顾客的称赞，她的职位和薪水均得到了提高。

在这个世界上，人与人之间的差异是非常明显的，工作不是随便找个就行，因为适合别人的并不一定适合你。如果不考虑工作是否适合自己就埋头苦干，明明工作开展很难，还是不肯放手，只会让自己身心俱惫，且得到的始终少于付出。既然如此，又何必苦守呢？不如放手。

的确，生活处处都是风景，不必固执地守着一处。放弃那些力不从心的工作，放弃那些无法胜任的职位……这时候，你也就放弃了那些纠结你的想法和事情，你将不必再独自饮泣，不必再心力交瘁，你会发现生活变得简单起来，你走向了生命的开阔处，尽享轻松、和谐、欢快等。

你知道水是如何行走的吗？你看，河流行径之地总有各种的阻隔，高山、峻岭、沟壑、峭壁，但是水到了它们跟前，并不是一味地一头冲过去，而是很快调整方向，避开一道道障碍，重新开创一条路。正因为此，它最终抵达了遥远的大海，也缔造了蜿蜒曲折、百转迂回的自然美。

学学水的智慧吧，无路可走时，回头是岸，静享简单。

宁静致远，名利本为浮云一缕

孔子说过："富与贵，人之大欲也。"连圣人都承认，名利的诱惑是巨大的，多数人追求名利，是为了得到更好的生活，不论是安身还是立命，谁不希望自己有名有利？但凡事有度，过分追求一种东西，就会忘记最初的目标，重视这些东西甚至超过自己的性命。就像小说《欧也妮·葛朗台》中的老葛朗台，爱钱到了走火入魔的地步，不但一分不肯分给妻子女儿，晚年时候还天天坐在满是金子的库房里，看着金子，就觉得心里暖和。

人活于世，难免贪恋一些东西。其中，名与利是众生执迷的对象。从古至今，很少有人能勘破这两个字。有人不惜舍弃一切，也要换得青史留名，哪怕是骂名，他也认为好过默默无闻；有人为了攫取金钱，抛弃良心，坑蒙拐骗，为的就是坐拥荣华富贵。这些人沉醉在欲海里无法自拔，得不到片刻宁静。

　　我们花费很多时间用来追求，当我们得到的时候，让我们放手无疑是困难的，但是，如果这些让我们迷失方向的话呢？我们还要坚守吗？我们人生的意义只是手里所握的东西吗？心灵就像一块玻璃，透过它看到世间万物。如果镀上一层银，能看到的就只有自己，能想到的就只是自己的欲望。欲望就像一个无底黑洞，你越是往里边填东西，越觉得填不满。而那层银，正是我们不愿放下的一切。

　　当我们清除那层遮挡视线的"银"之后，我们的双眼也会变得清明，会找到自己真正想要的东西。

　　一个外国游客去了法国，路过一处花园，看到花园里的植物修剪得非常齐整，整个花园都有别样的美丽与生气。她心生羡慕之情，找到花园的花匠，希望能够高薪聘请他，为自己整理花园。老花匠温和地摇摇头，拒绝了她的请求。

　　游客有点纳闷，自己开出的酬金非常高，远远超过在这里做一个花匠，为什么老人不愿意呢？同去的导游说："你知道这位花匠是谁吗？他就是法国前总统密特朗，你说他会不会在意你的高薪？"游客惊呼："为什么一个总统会做花匠？"导游说："进退得宜，不正是与常人不同的地方吗？"

　　当那些位高权重的人放弃权势和光环的时候，我们会质疑，为什么我们那么努力想要得到的东西那些人可以轻言放弃。但是深入地思考一下，我们正处于人生的上升阶段，而那些曾经叱咤风云的人经历得更多，他们领悟的也更多。我们难道不应该从中领会到什么吗？急流勇退是一种智慧，安然处世是一种心境。

虽然我们追逐梦想，但是我们也要知道时刻在客观的角度看待自己，要时时地提醒自己不要偏离初衷，最好的方法就是拥有一颗淡然的心。

诸葛亮说："非淡泊无以明志，非宁静无以致远。"名利堪迷，但一颗宁静的心却能超越欲望的牢笼，因为心灵向往的是一种更高的境界。就像一个喜欢登山的人，最初带着好胜心到处寻找高峰，证明自己的能力，最后却会觉得这种带着目的的征服，做多了也没意思，还不如静心享受攀登的乐趣，周边的风景，体味到生命的真滋味。

我们终其一生追逐的都是内心的平静和幸福，想要得到这些，就要将名利看淡一些。当然，我们可以收获名利和物质，但要记得，那只是我们生活的附属品，并非人生的全部内容。名利场都是一时的热闹，就像鲜花红不过百日。一颗宁静的心，会陪伴你经历世事，保证你不因物欲迷失，不论冷清还是热情，它让你相信生命最美好的部分，就是经历之后，还有一颗平和空明的心。

不需要的东西，比需要的东西多

一个小和尚问师父："师父，人与佛的区别究竟是什么？"师父说："要回答这个问题，我们需要先去集市上走一趟。"

第二天，师父和小和尚起了个大早，去了集市。在集市上，有各种各样的货品，吃的、穿的，玩的，小和尚看得眼花缭乱，但想到在寺院里并不需要这些东西，他没有购买的念头。这时，他看到一个和他差不多大的小孩，手里拿着一堆麻糖，正缠着父亲给他买糖葫芦。小和尚又看到，一个妇人篮子里放满了布料，但看到精致的布匹，她仍然两眼放光，忍不住扯上几尺。还有牵了两匹马的年轻人，看到优良的马匹，忍不住多牵几匹……

"师父。"小和尚好奇地问，"为什么他们要买那么多东西？明明已经够用了，买到手也是浪费。"师父说："这就是人与佛的区别。"

人与佛的区别是什么？人总觉得自己需要的太多，佛却发现自己不需要的东西太多。其实一个人的双手能有多大，能拿得起多少东西？就算用了手推车、大货车，只要想要的东西多，总是不够装载。得到什么并不难，难的是如何安置。好不容易弄来的，总不能随随便便丢掉，但一个人的房子太满，心灵太满，再好的东西也只能局促地塞在小角落里。

人若能知道自己不需要什么，既是一种智慧，也是一种幸福。试想我们的生活中究竟需要些什么？不过衣食住行加上自己的情感与爱好，如果这些东西没有限定一个范围，那就成了一个人买电视，黑白换彩电，二十三寸换三十二寸，再换家庭影院，无限制升级下去，但其实他看得最舒服的那个，也许不是最贵的。他的房子里也放不下这么多彩电。最后他烦了，随便选了一个放在客厅，看上去也不必其他人差。

仔细想想，我们不需要的东西，远比需要的东西要多。就拿爱情做个例子，你是需要很多优秀的异性对自己痴迷，为自己付出，还是希望自己的心上人能够喜欢自己，与自己一起生活？答案是明显的，很少有人愿意留恋不喜欢的东西，而喜欢的东西，都是弱水三千的某一瓢，只要这一瓢喝到口中，其他的不过是过眼云烟，有或没有都不重要。

在我们热衷于追逐游戏的年龄当中，贪欲是最危险的存在，如果不小心被它钻了空子，那么我们会成为欲壑难填的人，会迷失在人生的旅途中。生活其实很简单，我们觉得它复杂是因为我们给它夹带了太多的附属品，而这些点缀和装饰其实并不是那么重要，当我们白发苍苍的时候会发现，其实我们需要的只不过是安然。不要到我们无力忏悔的时候才后悔少不更事，不如从眼下开始，清除掉那些累赘，弱水三千，只取一瓢即可。

错过，有时不是遗憾

人生中一些极美极珍贵的东西总是转瞬即逝的，常常与我们失之交臂，令我们痛心不已！为此，遇到极美极珍贵的东西时，我们都会苦苦地追求，拼命地珍惜，不愿错过，不甘错过。但是，幸福就是拥有所有的美好吗？如果你也这样想，那你对幸福的理解就太狭隘了。

是的，每个人的人生都是一直向前走的，在旅途中我们会看到许许多多的美景，同时也会错过一些美景，毕竟我们的视野、时间和精力等都是有限的。如果不肯错过一些景色，不想留一丝遗憾，并为此殚精竭虑，费尽心机，那么很可能令身心疲惫不堪，错过前方更迷人的景色。

更何况，人生总是有得有失，有成有败，"失之东隅，收之桑榆"、"塞翁失马，焉知非福"，已经错过了就错过，也许得到它并不是最明智的选择，有时候正因为错过了，我们才多了一次其他的机会，而这个机会或许会变成我们最完美的期待，让我们拥有意想不到的收获，让错过不是遗憾……

生活总是有得有失，错过了一些东西，那只能证明那不属于我们，一味在心中纠结于事无补，一味追求则会付出更多的代价。既然如此，不如大气一点，忘怀错过，舍弃错过，从错过的失落中思索并找到自我生命的价值，只要你的眼睛和心灵始终在寻找，幸福很快就会来到。

生活其实很简单，幸福其实很广泛，错过也是另一种幸福。昙花错过了与白天的相聚时光，选择在黑夜中释放它的光芒，于是就有了黑夜里蓦然出现的一方娇艳；梅花错过了与春天的温馨约会后，选择在凛冽的寒风中开放，于是就有了在冰天雪地里一株灿然开放的梅花的孤高身影……

错过，不是失去，而是另一种意义上的得。

当欧洲人正对东方的黄金和香料感兴趣时，一批航海家便开始寻找通往东方的新航路，但他们中最后只有葡萄牙航海家达·伽马发现了好望角，达·伽马因发现从西欧经海路抵达印度这一创举而驰名世界，其他一些航海家错过了发现这条新航路的机会，但他们留给了我们更多的记忆。

比如，同样是葡萄牙航海家的斐迪南·麦哲伦，从 1519 年 9 月到 1522 年 9 月，他一直想寻找香料群岛，即东印度盛产香料的马鲁古群岛，但船队的航线向北偏了 10 度，如果向南偏 10 度，即可到达坐落于赤道线上的马鲁古群岛。错误的方向，使麦哲伦永远错过了马鲁古群岛，但他却用实践证明了地球是一个圆体，无论你向东还是向西，只要你一直走，就会回到起点，这是人类历史上的伟大发现。

错过并不一定是遗憾，有时甚至可能是圆满。人生中诸多的际遇说明了一切。其实，喜欢一样东西不一定非要得到它，错过了也不必为之惋惜，不妨大气地接受这种遗憾，凭着对未来的希望和憧憬，昭示自己奋力前行，去寻找另一个目标，力挽狂澜于既倒，把人生的风景翻到更美的一页，增加生命的深度。

无须取悦他人，没有谁比自己更值得取悦

　　从前，有一位很有名气的诗人，但是他却一直为一件事苦恼着，即他还有相当一部分诗没有发表出来，并且，也没有得到别人的欣赏。

　　苦恼之际，这位诗人找到了他的朋友———一位禅师。这天，诗人向禅师说了自己的苦恼。禅师听后淡然一笑，手指着一株茂盛的植物说："你看，那是什么花？"诗人看后回答说："夜来香。"禅师说："没错，是夜来香，它仅在夜晚开放，那么你知道这种植物为何仅在夜晚开花，散发香味吗？"诗人看了看禅师，表示自己不知道何故。

　　禅师告诉他说："夜晚开花，并无人注意，它开花，不是为了取悦别人，而只是为了取悦自己！"诗人听后感到很惊讶："取悦自己？"禅师笑道："凡是选择在白天开花的植物，都是为了引人注目，得到他人的赞赏。而夜来香恰恰相反，它在没人欣赏时开放自己，芳香自己，它这样做只是

为了让自己快乐。一个人，难道还不如一株夜来香吗？"

　　禅师看了一眼诗人接着说："有不少人，总是让别人掌握着自己快乐的钥匙，自己所做的一切，都是在做给别人看，让别人来赞赏，好像不这样做自己就快乐不起来。实际上，在不少时候，我们做事的目的应该为自己。"诗人笑着说："我懂了。一个人，不是活给别人看的，应该为自己好好活着，度过自己有意义的人生。"

　　禅师点了点头，又说："一个人，只有取悦自己，才能把握好自己；只有取悦自己，才能将自己有效地提升；只有取悦自己，才能把自己好的一面感染到别人。要知道，夜来香夜晚开放，可是会有不少人是闻着它扑鼻的芳香入睡的啊。"

　　我们每个人只有取悦自己，才能将美好的感觉感染到他人；只有取悦自己，才能将自己提升至一个应有的高度；只有取悦自己，才能更好地肯定自己。在实实在在的社会生活和工作中，取悦自己就是一剂快效药，能让一种乐观自信的心态长久地保持下去，从而使我们勇敢坦然地面对未来要走的路。

　　曾经有这样一则调查，某公司的所有男士要对公司所有女士进行评论，并指出最吸引自己的女士名字，结果表明：凡是被点到的女士们，要么有良好的气质，要么善解人意，要么富有生活情趣，要么个性不凡。实际上，她们以自己的优势取悦他人之前，自身一定是被自己取悦着的，通常，这些人将来建立起来的家庭也都是幸福而快乐的。

其实，对于我们每个人而言，内心的一种愿景是——"海浪轻逐，春暖花开"，在这美丽的"画卷"之上，有恬淡自然，也有惬意芳香。如果我们先站在不可调和的事物面前，再去关照自己的内心，便会猛然明白自己接下来的选择——取悦自己要比取悦他人更为智慧。

吴淡如曾经说过这样一句话："每个人心中都有一首歌，即便没有掌声，我们也能歌唱，也能取悦自己。"实际生活中，在面对林林总总的大小事时，真正能做到不去刻意权衡利益，不在乎物质的多少，真正听从自己内心的人又有多少呢？

所以说，我们要沉浸在自己的内心，用自己认为快乐的生活方式，将生活打造得无比斑斓，不管是当下还是未来，每分每秒都要记得为自己而活着，无须取悦他人，因为任何东西都无法替代"取悦自己"带来的那种快乐和幸福。

真诚地为别人喝彩，人生才更精彩

著名的西班牙学者巴尔塔沙·葛拉西安说过这样一句话："一个人总能在某一处胜过别人，而在这一处上又总会有更强的人胜过他。智者尊重每个人，因为他知道每个人都各有其长，也明白成事不易。更懂得，真诚为别人喝彩，人生才更精彩。所以，学会真心诚意地欣赏别人，为别人喝彩是一种人格上的修养，是让自己逐步走向成熟和智慧的象征，也是智慧和修养的体现。"

由此可见，能够为别人喝彩的人需要有宽广的胸怀，因为它不是"作秀"，不是一种手段，一种形式，更不是溜须拍马，而是一种发自内心的自觉行为，是一种善良人性的自然流露，是发自内心的真诚表现，它传递着生活中的融洽与美好，也展示着人世间的真诚与和谐。

如果你总是抱着一颗率真而豁达的心，去欣赏周围小小的事物、普普通通的人，那么，在当今这个繁忙杂乱，喧嚣躁动，并且充满压力的世界上，你也可以随时发现快乐，收获幸福。

一个外号叫歪歪的女孩，现在已经是某企业的行政主管了，也是个业余作家。她曾经写过一篇散文，文中她说"为别人喝彩是人生当中一件很重要的事情，因为你的一个肯定和赞赏的眼神，为他而发出的喝彩声，很可能会改变一个人一生的命运。"之所以有这样的感悟，源自她上初中时的一次经历。

歪歪在念初中时有过一个同桌，牙齿长歪了，说话爱像男生那么骂骂咧咧，打蚊子像拍手鼓掌一样噼啪作响。歪歪不喜欢她的粗鲁，她们两个有过相互肩碰肩坐着却一连半个月没开口说话的纪录。

在一次作文评比中，歪歪的一篇精心之作没被评上奖，名落孙山，歪歪为此心灰意冷，带着一种挫折感把那篇作文撕成碎片。这时，假小子一般的同桌忽然发出愤怒的声音，她说那篇作文写得很棒，谁撕它谁是有眼无珠。

其实，同桌是在说反话表示对歪歪的欣赏和赞美，那是歪歪写作生涯中的第一位喝彩者，那一声叫好等于是拉了歪歪一把，歪歪记得当时她流出了泪水。

那位同桌后来仍然不改好战的脾气，她们俩也时常有口角，相互挑战，耿耿于怀。然而歪歪至今难忘这个人，因为她的第一声喝彩就像一瓢生命之水，使歪歪心中差点枯萎的理想种子重新发芽、开花、结果。每当歪歪回首往事时，都会遗憾当时为何不待她更温和一些，因为她现在才发现，她是歪歪生活中的一道明媚的阳光。

于是歪歪在她以后的生活当中，也经常去为别人喝彩，因为她懂得了，一句肯定的话，会让人心振奋，阴翳散去。身边的很多人因为歪歪的喝彩，而感觉到人生重新有了意义。至于歪歪自己，在做这些的时候，在为别人喝彩的时候，她的内心也充满了快乐。

这样的人在现实生活中并不多见，因为很多人都知道，为自己喝彩容易，为别人喝彩很难。更有甚者，自己有了成绩、荣誉，就欢呼雀跃、神采飞扬；别人有了进步，却往往视而不见、充耳不闻，甚至挖苦、忌妒、冷嘲热讽，很少真正从心底里为别人喝彩。

激烈的社会竞争，让人们十分重视自我价值的实现。为此，一事当前就要先看自身利益，当自己的利益得不到满足时，心理就容易产生不平衡，以致忽视集体协作精神。这样的人，让他为别人的成功喝彩自然就难以做到了。

其实，生命的舞台很大，每个人既是表演者，也是台下的观众，谁都希望在曲终谢幕的时候得到别人的赞美和喝彩，因为我们都在寻找和期待着他人和社会的认同，实现自我的价值。不要以为别人的进步就意味着自己落后。别人获得荣誉就意味着自己暗淡无光，这是一种非此即彼的思维，是狭隘的，不科学的。因为生而为人，作为人类的一分子，为他人喝彩，是一种心灵的解脱和慰藉，只有真心地付出，你才会体会那种因为别人而欣慰的感动。

学会为别人喝彩，就要有甘当"绿叶"的精神。"红花"受人瞩目，而"绿叶"往往被人忽略。要想做到为别人喝彩，首先要当好"绿叶"。这就需要树立正确的人生观、价值观，做到淡泊名利，不计较得失。生活就好像一条五彩斑斓的河，这条河因为有了形形色色的人而充满生命的活力，充满生活的欢歌。让我们用善良的笑容，真诚的态度，为别人喝彩，融入到这条美丽的生命之河中去吧！

漠视感恩的人，只会让自己变得更卑微

感恩之心是一颗美好的种子，假如不光懂得收藏还懂得播种，就能给他人带来爱和希望，并因此挽救他们，或是改变他们的内心世界。以感恩的心去生活，你也会在困难的环境中看到生命的绿洲，怀着更多的希望面对未来。

任何一个人，多多少少都得到过别人的帮助，接受过他人的恩惠，可是我们的心中是否因此而多了一些感恩呢？

人人生而平等，没有什么是天经地义，理所当然的。对于别人的帮助，哪怕只是一点点，我们都应心存感激。对于生活的赐予，哪怕只是一点点，我们也应心存感恩。这点点滴滴都是人情。所以，漠视感恩的人，只会让自己在他人眼里变得更加卑微。

当然，不但要心存感激，还应用同样的爱心去关怀别人。那些对生活怀有一颗感恩之心的人，即使遇上再大的灾难，也能挺过去。只要你怀抱着一颗感恩的心，即使是遇上祸，祸也能变成福。

我们应该感谢生命，拥有生命让我们有机会在世界上创造自己的故事。我们感恩生活，虽然生活中有酸甜苦辣，但正是这样的精彩让我们在其中流连忘返。我们感谢苦难，苦难的存在让我们更加珍惜来之不易的幸福。

一颗感恩的心带给你的将是宽广的人生。因为当你拥有一颗感恩的心的时候，你会在生活中充满力量，更加努力地做好自己的事情，从而也会有意想不到的收获。

在遇到干旱的一年，收成很不好，为了帮补家用，大勇跟随舅舅到城里打工。大勇和舅舅一同在工地上看管砖头，一天深夜，突然狂风大作，眼看就要有一场大雨了，大勇连忙推醒了熟睡的舅舅说："快下雨了，我们得赶快去工地，用防水布把那些砖头盖起来啊。"舅舅不耐烦地一摆手："你有病吧，大晚上的拿这么点钱还要拼命啊，要去你去，我可不去。"大勇说："老板给了我们这份工作，给我们机会挣钱，我们应该做好它。"

大勇在夜色中独自去了工地，大雨转眼即至，大勇一个人把防水布一块块地盖到了砖头上，自己却全身都湿透了。说来也特别巧，老板这一天刚应酬完开车回家，途中路过工地，只见一个工人在奋力地抢救那些砖头，心里甚是感动。老板开始关注大勇的表现，最后让小学都没毕业的大勇做了经理。

一颗感恩的心让大勇在自己的工作上全心全意地付出，最终闯出了自己的天地。许多人认为，自己的工作是如此微不足道，从而不愿付出多大的努力。但是，就是这份微不足道的工作，它给予了你生活下去的收入，它给予了你一个表现自己价值的舞台。没有任何一个人是天生卑微的，没有任何一份工作是卑微的，更没有任何一个人注定要卑微地过一生。生活给了我们许许多多的机会去创造。只有抱持着一颗感恩的心，才能得到生活的馈赠。如果我们用一颗漠视的心去对待生活，那么生活也同样会漠视我们。

我们必须记住，在这个世界上，没有谁有义务来帮助你，没有谁有义务给你任何东西。给予了你便是一种对你的恩惠，漠视这种恩惠，甚至还看不起这种恩惠的人，最后只能连这点帮助都失去。在这个学习的阶段，感恩，是不可或缺的一门必修课。

这个世界上是没有卑微的人的。也许你出身贫寒，也许你命运不济，但学会感恩，生活也会给你机会去闯一片天地。也许你出身高贵，也许你一直都一帆风顺，但生活同样会给你考验，在这种考验中，同样去学会感恩，抱持一颗感恩的心，你能在这场考验中悟出生活的真谛。

芸芸众生，在生活面前都是平等的，没有卑微的人，只有漠视感恩的人。当你漠视感恩的时候，生活也将漠视你，懂得感恩的人是高贵的，漠视感恩，会让你变得卑微丑陋。

人生不过像一场雨这么短暂

其实，死亡的存在，倒未尝是件坏事。假如人与天地同寿，真不知在光阴中如何自处。也正因有死，所以才有了生的可贵。

日本精神科教授小术贞孝，曾经到多家监狱去考察，他发现死刑犯的精力非常旺盛，而且似乎更有激情，他们读书、他们写诗。似乎因为知道自己时日不多，所以他们不会浪费每一点点时间。相反，无期徒刑囚犯则对任何事都提不起兴趣，简直毫无气力、毫无感觉。

死亡，让人充满了珍惜当下时光的觉悟。

圣严法师说，活在当下，不悔恼过去，不担心未来。人生如舟，每个人要学会在红尘中掌好自己的舵。

活在当下，这便是生的智慧，是从死中悟出来的生存智慧。

正因为有死，人们才会在陷入无尽未来的时候，猛然惊醒：原来未来直通着终结与虚无，因而考虑得再多，也终归是虚妄，终究是尘归尘、土归土。只有现在，才是如此的真实而生动。

佛说："生命就在一呼一吸之间。"所谓的一呼一吸之间，指的就是当下。

有个小和尚，每天早上负责清扫寺院里的落叶。清晨起床扫落叶实在是一件苦差事，尤其在秋冬之际，每一次起风时，树叶总随风飞舞。每天早上都需要花费许多时间才能清扫完树叶，这让小和尚头痛不已。他一直想要找个好办法让自己轻松些。

　　后来，有个和尚跟他说："你在明天打扫之前先用力摇树，把落叶统统摇下来，后天就可以不用再扫落叶了。"小和尚觉得这是个好办法，于是隔天他起了个大早，使劲地猛摇树，这样他就可以把今天跟明天的落叶一次扫干净了。一整天小和尚都非常开心。

　　第二天，小和尚到院子里一看，他不禁傻眼了。院子里如往日一样满地落叶。老和尚走了过来，对小和尚说："傻孩子，无论你今天怎么用力，明天的落叶还是会飘下来。"小和尚终于明白了，世上有很多事是无法提前的，人生不过像一场雨一般短暂，唯有认真地活在当下，才是最真实的人生态度。

　　"活在当下"不仅仅是指活在当下的时间里，还包括当下你正在做的事、待的地方、周围一起工作和生活的人。你要珍惜你当下所有拥有的这一切。

　　有些人，到了一个新环境中，总是在想："原来的地方多好啊，唉，可惜再也回不去了。"

　　交到了新的朋友，也总拿来和老朋友对比："从前的谁谁谁对我多好啊，现在他可没有那么好了。"

　　当一个人开始想这些事情的时候，就证明他的肉体虽然来到了当下，但是精神却禁锢在过去。

　　许多人喜欢预支明天的烦恼，想要早一步解决掉明天的烦恼。许多人则喜欢遥想当年，沉迷于往事的回忆中。要知道明天如果有烦恼，你今天是无法解决的。过去纵然有快乐，也是你无法回头的。

你应该始终记得，虽然生命从开始到死亡可能有几十年，但是当下只有一个，就在这一时、这一秒。无数个唯一的当下，组成了我们曼妙的人生。如果不珍惜当下，那么就会在无知无觉中走向死亡。这就是死亡给我们的鞭策。

生命只在一瞬间，花开堪折直须折

"等到我工作稳定以后，我就买几件漂亮衣服，现在买有些太破费了"；

"等我结婚之后，我就可以松口气，来场国外旅行啦"；

"等我升职之后，我会准备一顿美餐，好好犒劳自己"；

……

人们似乎都很愿意牺牲当下，去换取未知的等待；牺牲今生今世的辛苦钱和时间，去购买后世的安逸。殊不知，人生是由时间构成的，而时间是无法储存，无法珍藏的。人生错过了，也就错过了，失去的便永远不再。

从前有一个富翁，他家地窖里珍藏着很多葡萄酒，其中一坛品质上乘、历史悠久被深埋于地，这只有他知道。州府的总督登门拜访，富翁提醒自己："不，不能开启那坛酒，这酒不仅仅为一个总督启封。"国王来访，和他同进晚餐，但他想："国王不懂这坛酒的价值，喝这种酒过分奢侈了。"甚至在他儿子结婚那天，他还自忖道："不行，不能拿出这坛酒，要等待最重要的时刻才可以。"

随着时间的流逝，富翁地窖里的葡萄酒被喝了一坛又一坛，唯独那坛葡萄酒没有人动过。有一天富翁死了，下葬那天地窖里所有的酒坛都被搬了出来，除了那一坛陈年老酒，因为没有人知道它埋在哪儿。就这样，这坛酒依然被深埋在地下，一年又一年，也没有人知道它的味道有多醇香……

看到了吧，美丽的东西不享用它，平白冷落，便是一种糟蹋。将希望寄予等到方便的时间才享受，我们不知会错过生命中多少美好的东西，失去多少可能的幸福，这就像没有在最适当的时候去做适当的事情，想起来，都是一种遗憾。

还记得一首名为《我要去桂林》的流行歌曲吗？"我想去桂林呀，我想去桂林，可是有了钱的时候我却没时间……"口袋没钱的时候，我们有的是时间，可一旦口袋里装满了钞票，时间又没有了，也许这就是很多人无法遂愿的主要原因吧！其实这也完全是我们生活的真实写照。

或是因为太过珍贵，或是因为有重大纪念意义，人生中有些东西值得珍藏，但有时候及时"消耗"，反而比珍藏更有意义。譬如，一瓶好酒，和家人、朋友坐在一起品尝它，大家一起津津乐道地赞美它的醇香与它的美妙，远远要比把它独自藏起来的意义更深远，反而更给生活添加光彩。

对于这个阶段的我们来说，积累是很重要，但最重要的是阅历，我们要经历的有很多，时间无法累积，要做自己想做的事情，这将会成为我们最美好的回忆。趁着年轻，我们要多感受、多体验。

其实，人生就像是一张支票，是有期限的。很多东西生不带来死不带去，如果不在规定的期限内用尽，你将再也没有机会了。与其等着死后白白地浪费掉，还不如现在开开心心地享受一把。生命只在一瞬间，花开堪折直须折。美丽的东西只有在用的时候，才能更见其光华。

人生苦短，不要想得太多，想做就做，想吃就吃，想爱就爱，学会慷慨地及时行乐，及时采撷生命意义的花朵，及时享受身边的美好事物吧。这样，我们就会觉得生活的美好，生命的可留念。在有生之年，我们可以很满足地对所有人说：我努力过，我也享受过，我的人生没有遗憾。

棱角终究会在磕磕绊绊中慢慢被磨平

我们因为年轻，所以果敢，但有时难免锋芒毕露。在人生的舞台上面，我们希望青春是最绚烂的，有明亮的灯光，有众人的注视。这或许能够满足我们的虚荣心，但也会无形当中给我们带来巨大的压力，因为我们暴露人前的不只有我们的荣耀和骄傲，也有我们的缺点不足。

在成功的路上，人们往往选择厚积薄发，前期积攒实力，这个过程就是一根很长的导火索。当机会到来的时候，它就会引燃，绽放出最为绚丽的烟花。这个现实的社会当中有朋友，同样也有敌人，对于我们的成功而言，最大的阻碍是那些背后捅我们一刀的人，如果太过锋芒毕露，难免将自己的后背亮给敌人，要知道，那些阻碍我们的人要比支持我们的人多。

低调才是我们应该有的姿态。时间无所不能，它能让水滴穿岩石，能够让坚硬的沙石变成粉末，同样，也能够磨平我们的棱角。在我们为失去的锋芒伤心时，不妨想一想，这也许是人生给我们的一个提示。

亚历山大大帝的威名无人不知，无人不晓，他号称世界历史上最伟大的帝王之一，他建立起了一个庞大的帝国，创造了一个时代的奇迹。

没有人不知道亚历山大的威名，他能力超群，是一个优秀的政治家、军事家。但是独木不成林，没有得力干将的他难以成就伟业。在亚历山大大帝手下有一批非常优秀的军人。其中有一个名叫塞琉古，他是马其顿贵族安条克的儿子，因为父亲身份显赫，他也顺利进入了亚历山大大帝近卫军的队伍。

塞琉古也是一个杰出的人才，很快得到了亚历山大的赏识，成为了近卫军的指挥官。显赫的家世，至高的地位加上他本人的才能，如果按照常理，他应该要谋夺王位才是，毕竟他很优秀。但事实上他并没有这样做，而是退居人后，忠心地为亚历山大开阔疆土，一心一意为他打天下。

纵观历史，功高震主的人不在少数，有的被君主收拾掉，有的谋朝篡位，或是失败，或是成功。有的人就算成功了也在历史中背上了骂名。塞琉古遮掩了自己的锋芒，没有让亚历山大感到威胁。

虽然时光磨掉了他的棱角，但没有消磨掉他的雄心壮志。历史的规律就是分久必合，合久必分，塞琉古在等待一个机会。当亚历山大去世之后，庞大的帝国分裂了，成为了马其顿、托勒密和塞琉古三部分。而塞琉古是三个帝国中最强大的国家。

自然，冠着塞琉古名号的帝国就是塞琉古创造的。

有的人喜欢表现，喜欢站在人前，而有的人则甘于屈居人后。站在哪里并不能完全表明你的实力，有很多屈居人后的人有着大智慧，而且他们内心淡泊，处世温和，更容易在这个世上找到一条平坦的路。

或许以现在的年龄我们难以理解，但是当我们经历过很多之后，就会明白低调处世的智慧。人生路上有分叉口，有的时候两条路通向同一个方向，一条看起来明亮宽阔，另一条看起来杂草丛生，但说不定小路反而是一条平坦的捷径。

不要让自己成为敌人的靶子，积攒力量，我们会有绽放的一天。不要急，不要躁，我们还年轻，有的是时间，沉静下来，淡然一些，懂得为人处世，才能在未来的道路上得到更多的支持和掌声。